응급의학과 의사 아빠의

안전한 육아

응급의학과 의사 아빠의

안전한 + 육아

김현종 지음

창비

차례

2부
아이들과 함께 지키는 교통안전

3부

아이들과 안전하게 즐기는 야외 활동

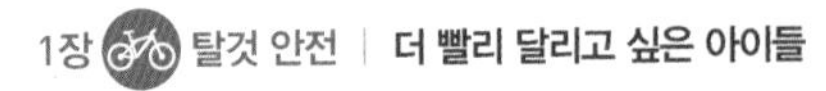

4부

부모를 위한 응급실 사용설명서

1장 응급실 | 부모를 위한 응급실 사용설명서

2장 응급 처치 | 모든 부모는 아이의 구급대원입니다

프롤로그
아이가 안전한 세상은 부모로부터 시작합니다

저는 응급의학과 의사입니다

저는 한 종합병원에서 근무하는 응급의학과 의사입니다. 이런저런 불편한 일로 응급실을 방문하는 분들을 치료하는 게 제 일이지요. 손가락에 박힌 가시를 빼는 일부터 심폐소생술까지 무척이나 다양합니다. 그렇게 아파서 오시는 모든 분들이 다 중요하지만, 그 중 가장 신경이 쓰이는 경우를 고르라고 하면 전 주저 없이 '아파서 오는 아이들'이라고 대답하겠습니다. 잔뜩 겁먹은 눈망울을 하고, 제 작은 움직임에도 흠칫 놀라며 우는 아이들. 그런 아이들을 달래면서 아픈 곳을 매만지는 일은 언제나 긴장이 됩니다. 아마 아이들의 모습에서 제 딸의 모습이 보여서 그런지도 모르겠습니다.

하루에도 몇 차례씩 어딘가 데거나, 떨어져서 혹은 부딪혀서 다친 아이들을 만납니다. 아직 움직임과 주의력이 여물지 못해 다치는 경우들이 많지요. 하지만 다친 이유들을 듣다 보면 때로는 안타깝기도 하고 화가 나기도 합니다. 곁에 있던 어른들이 조금만 주의를 했으면 응급실에 오는 일을 피할 수 있는 경우도 많기 때문입니다.

그리고 저는 한 아이의 아빠입니다

제게는 이제 막 학교에 들어가는 딸이 있습니다. 이 아이가 자라는 동안, 저도 많이 성장했지요. 제가 의사이기는 하지만 아빠로서는 초보였습니다. 여느 부모처럼 열과 기침에 힘들어하는 아이 곁에서 밤을 새우기도 하고, '아빠'라는 말 한 마디에 웃으며 저도 부모로서 조금씩 자랐지요. 다만, 일을 하면서 보고 들은 것들이 있으니 아이가 다치거나 아프지 않도록 조금 더 신경을 쓰긴 했습니다. 하지만 아이 주변의 안전을 챙겨볼수록 의구심이 들더군요. '과연 나 하나 조심하는 것으로 충분한 걸까? 내 아이만 안전하면 끝일까? 내가 하루 종일 계속 지켜볼 수도 없는데?'

교통사고로 심하게 다쳐서 온 한 아이를 치료한 날 제 개인 SNS에 쓴 글을 많은 분들이 읽어주신 적이 있습니다. 어른들이 조금만 더 주의했다면 그렇게까지 크게 다치지 않았을 아이를 보고 속상한 마음에 감정적으로 거칠게 썼던 글이었는데, 온라인에서 많은 공감을 얻으며 퍼지는 것을 보고 있자니 좀 당황스럽기도 했지요. 그렇지만 기회가 된다면 아이들이 안전한 세상을 위해 우리가 챙길 것들을 이야기해보고 싶다는 욕심도 들었습니다. 그렇게 함께 고민하다 보면, 내 아이뿐만 아니라 다른 아이들도 함께 안전한 세상을 만드는 방법을 찾을 수 있지 않을까 하는 기대를 하면서 말이지요.

이 책을 통해서 저는 우리 아이들이 어떻게 다쳐서 병원에 오는지, 그렇게 병원에 오면 어떤 치료를 받게 되는지 말씀드리려고 합니다. 그리고 그보다도 아이들이 가급적 다치지 않으려면 어떻게 예방을 할 수 있을지, 어른들이 할 수 있는 일은 무엇인지 짚어보고자 합니다.

아이들을 이해하는 것이 안전의 첫걸음입니다

아이를 키우면서 가슴이 철렁한 순간이 한두 번이 아니었습니다. 사실 거의 매일이 그렇지요. 특히 집 안이 과하게 평화롭게 느껴진다면 열에 아홉은 뭔가 일이 벌어질 조짐입니다. 어느 날, 자기 힘으로는 내려오지도 못할 높은 곳에 올라가서 작은 목소리로 "살려주세요!"를 외치는 저희 아이를 구출한 후 곰곰이 생각해봤습니다. 도대체 아이들은 왜 이러는 걸까요?

첫째, 아이들은 신체 활동량이 엄청납니다. 아이 본인도 잘 감당이 안 될 정도지요. 체중은 어른의 절반에도 못 미치는 아이들의 1일 권장 섭취 열량은 1500~2000킬로칼로리로 웬만한 성인과 맞먹습니다. 그러니 그걸 소모하는 아이들의 에너지는 상상을 초월하지요. 심지어 2018년 미국심장협회는 취학 전 어린이의 경우 성장과 발달을 위해 '하루 종일' 육체적으로 움직일 것을 권하기도 했습니다. 하루 종일 움직이는 것이 건강에 좋을 뿐 아니라 충분히 그럴 능력이 있는 아이들에게 '가만히 있으라'는 말은 불가능에 가깝습니다. 그러니 일단 아이들이 얌전히 있을 수 있는 존재가 아니라는 것을 인정하고 시작해야 우리도 마음이 좀 편할 듯합니다.

둘째, 아이들은 호기심으로 가득한 존재입니다. 당연히 그럴 수밖에 없죠. 어디를 가든 처음 보는 것, 처음 느끼는 것들이 널려 있는데 궁금하지 않을 리가 있나요. 호기심은 아이들이 자기가 살아가는 세상을 배우려는 본능입니다. 호기심이 없다면 아이는 제대로 성장할 수 없습니다. 다만 그 호기심을 풀어내는 방식이 때로는 어른들을 기겁하게 만드니 문제지요. 아이들은 뜨겁고 날카롭고 위험한 것들이라도 꼭 만져보고 눌러보고 심지어는 맛보고 삼켜봐야 직성이 풀리나 봅니다. 물론 시간이 지나 말을 할 수 있게 되면 좀 낫긴 하지만, 그때도 방심해선 안 됩니다. 더욱 정교하고 세게 만지고 눌러볼 수 있게 되니까요. 아이들은 세상의 모든 것에 호기심을 가지고 자신의 온 감각을 동원해 그걸 느끼고 경험하려 합니다. 그걸 우리들의 '부탁'이나 '훈육'으로 막기란 쉽지 않죠.

셋째, 아이들은 아직 '위험에 대한 두려움'을 배우지 못했습니다. 물론 어둠이나 큰 소리처럼 꼭 배우지 않아도 본능적으로 아는 두려움도 있긴 합니다. 하지만 대부분의 사람은 경험과 교육을 통해 무엇이 위험한지 알게 되고 또 두려워하게 됩니다. 병원에 자주 와본 아이들은 의사 가운을 입은 제 모습을 보자마자 울음을 터뜨리지만, 처음 온 아이들은 뭐가 뭔지 몰라 방긋 웃어주기까지 하죠. (물론 울기 시작하는 데는 얼마 안 걸립니다.) 호기심과 기력은 넘쳐나는데 아직 뭐가 무서운지는 배우지 못했으니, 당연히 위험한 행동을 하는 데도 주저함이 없지요.

넷째, 아이들은 집중력이 엄청납니다. 그 대신 한곳에 집중하면 시야가 좁아져 다른 것을 잘 보지 못합니다. 아이들이 산만하다고요? 네, 그렇게 보이기도 하죠. 그런데 잘 보면 그건 집중력이 없는 것이 아니라 집중하는 대상을 자주 바꿔서 그렇습니다. 지속 시간이 길지는 않지만 관심을 보이는 그 순간만큼은 세상에서 그것밖에 보지 못합니다. 그러니 자기가 보고 있는 것 말고는 아예 인지하지 못하는 경우가 생기지요. 길 건너의 엄마를 보고 있으면 옆에서 다가오는 자전거는 볼 수 없고, 유치원 버스가 반가워 달려가다 보면 주차장에서 나오는 차를 발견하지 못하는 겁니다.

다섯째, 아이들의 몸은 하루가 다르게 성장합니다. 하지만 커가는 몸을 다루는 데 필요한 신경계의 발달은 아직 완전하지 않지요. 몸 쓰는 방법을 익히는 데에는 자고로 연습이 최고 아니겠습니까. 그러니 우리 아이들은 그 넘쳐나는 호기심을 바탕으로 여기저기 좌충우돌하며 자기 자신의 몸을 쓰는 연습을 합니다. 하지만 문제는 아직 '적당한 연습'이 어떤 것인지 모른다는 데 있지요. 그러니 잠시 눈을 돌리는 사이에 아찔한 장면을 연출하고는 합니다.

이런 아이들의 특성은 어른들의 힘으로 바꿀 수 있는 것이 아닙니다. 우리도 지나온, 지극히 자연스러운 과정이지요. 그러니 아이들에게 안전한 환경을 만들어주려면 아이들의 이런 특성을 이해하고 발생 가능한 위험을 미리 예측하는 수밖에는 없습니다.

하지만 아이들을 온실 속의 화초처럼 크게 할 수는 없습니다

아이를 안 다치게 하는 가장 좋은 방법은 위험하다 싶은 일은 아예 못 하게 하는 것이지요. 밖에 나가지 못하게 하거나 보호자들이 계속 따라다니면서 문제가 될 만한 것들을 끊임없이 살피는 방법도 있습니다. 하지만 현실적으로 이렇게 할 수는 없습니다. 아니, 이것이 가능하다고 해도 과연 아이들을 위해서 좋은 것일까요?

근육이 성장하기 위해서는 조금씩 더 무거운 무게를 들어야 합니다.

우리 아이들도 위험을 감수하며 자신의 몸을 움직이고 그러다 가끔 다치면서 몸과 마음이 커나가지요. 그러니 모든 위험을 막으려는 것은 어쩌면 아이들이 성장할 기회를 빼앗는 일이 될지도 모릅니다.

우리가 할 일은 아이들이 적당한 위험을 감수하더라도 다치지 않는 환경, 불필요하게 다칠 만한 가능성을 예방해서 오히려 더 마음껏 놀 수 있는 환경을 만드는 것이 되어야 합니다.

뭔가 거창한 목표인 것 같습니다만, 내 주변에서 할 수 있는 작은 것부터 시작하면 됩니다. 우리 집에서, 우리 동네에서, 아이들이 놀고 생활하는 모든 곳에서 하나하나 바꿀 수 있는 것이 무엇인지 함께 찾아보면 됩니다.

안전 습관은 아이에게 물려줄 수 있는 가장 소중한 자산입니다

어린 시절 충치 때문에 고생을 했던 아내는 아이에게 이를 잘 닦는 습관을 만들어주려고 노력하고 있습니다. 책을 좋아했고 그 덕을 많이 봤던 저는 시간 나면 아이에게 다양한 책을 읽어주고는 하죠. 이렇게 만들어진 습관이 제 딸의 삶에 도움이 되길 바라면서 말입니다. 이런 습관을 만드는 데는 아이와 함께 정해진 시간, 정해진 장소에서 그 일을 반복해서 하는 것이 가장 좋더군요.

안전에 대한 습관도 마찬가지라고 생각합니다. 길을 건널 때 신호를 지키며 주위를 살피고, 차에 타서는 꼭 안전벨트를 매고, 자전거나 인라인 스케이트를 탈 때는 반드시 보호 장구를 하는 것처럼 소소하지만 아이들의 안전에 꼭 필요한 습관들은 책에서 읽고 말로 듣는다고 해서 몸에 익는 것이 아닙니다. 부모와 함께 생활 속에서 반복적으로 몸으로 배워야 하는 것이죠.

물론 우리 아이들이 어떻게 행동하든 안전한 세상이 되면 가장 좋겠지만, 아직 조금 더 시간이 걸릴 것 같습니다. 그러니 우리 아이가 자신의 안전을 알아서 챙길 수 있는 현명한 아이로 크길 원한다면 우리들의 습관부터 하나하나 확인해보는 것은 어떨까요? 아이들의 몸에 밴 습관은 바로 우리 어른들의 모습에서 시작된 것일 테니까요.

1부

아이들이 가장 많이 다치는 곳, 우리 집

아이들은 어디서 가장 많이 다칠까요? 이 질문의 답을 생각해보는 것으로 이야기를 시작할까 합니다. 유치원 혹은 어린이집? 도로? 놀이터? 물론 이런 곳에서 다치는 아이들도 많지요. 하지만 응급실에 오는 아이들 열에 여덟은 바로 '집'에서 다쳐서 옵니다.

내 아이에게는 세상 어느 곳보다 안전해야 하는 공간, 그리고 그 누구보다 아이를 염려하는 어른들이 있는 곳에서 아이들이 가장 많이 다친다는 것이 좀 당황스럽기도 합니다. 하지만 (이제는 가물가물한) 어린 시절의 집을 기억해보면 이내 이해가 될 겁니다.

저희 집 옥상으로 올라가던 계단은 슈퍼맨 놀이를 하기에 좋은 곳이었습니다. 압력 밥솥의 김 빠지는 소리는 무섭기는 했지만 기차 증기 같아서 재미있었고, 어머니가 장롱 안에 넣어두셨던 다리미는 제 장난감 로봇들의 훌륭한 기지가 되어 주었지요. 삼십 년이 넘는 시간이 흘렀지만, 계단에서 뛰어내리다 다리를 다친 일, 다리미와 압력 밥솥에 손을 덴 일은 아직도 생생하게 기억하고 있습니다.

어린 시절의 저처럼, 대부분의 아이들에게도 집은 가장 재미있는 놀이터이자, 안심하고 뛰어놀 수 있는 익숙한 공간입니다. 그런데 우리 집이 과연 아이들의 넘치는 에너지를 안심하고 담아낼 수 있는 안전한 공간일까요?

아이들이 가장 많이 다치는 곳, 하지만 어른들이 조금만 더 주의를 기울인다면 가장 쉽게 안전한 공간으로 만들 수 있는 우리 집. 여기서부터 시작하겠습니다.

떨어지고 부딪히는 아이들의 일상

1장

외상 1

"애들은 다 다치면서 크는 거야!"

아이를 키우다 보면 듣게 되는, 참 듣기 싫은 말 중 하나입니다. 안 그래도 애가 다쳐서 속이 상하는데 저런 말을 위로라고 하는 걸까 싶습니다. 그런데 어찌 보면 저게 딱히 틀린 말은 아닙니다. 중앙응급의료센터에서 발행한 2017년 응급의료 관련 통계를 보면, 10세 미만의 아이들이 다쳐서 응급실을 가는 경우는 연간 32만 건을 넘습니다. 대략 그 나이 또래 아이들 중 42명에 1명꼴로 1년에 1번 정도는 다쳐서 응급실을 간다고 볼 수 있으니, 다치면서 크는 게 맞을 수도 있겠네요. 1년에 몇 번씩 다쳐서 오는 장난꾸러기 녀석들도 있고요.

아이들이 '집'에서 많이 다치는 이유는 다른 곳보다 집에 있는 시간이 많아서 그렇습니다. 그런데 엄연히 보호자가 있는 집에서 애들이 왜 그렇게 많이 다치는 걸까요?

사실 그 이유를 알기 위해서는 애들을 반나절, 아니 한 30분만 집에서 마음대로 다니게 둬보면 됩니다. 당장 거실에서 뛰다가 식탁 모서리에 몸 어딘가를 찧을 아이들이 대부분일 테고, 한 5분쯤 후에 몇몇은 화장실에 달려 들어가다 미끄러져서 대성통곡을 하고 있을 겁니다. 침대는 어떻습니까? 침대에서 뛰다가 떨어져 다치는 아이들도 제가 자주 만나는 걸 보면, 아이들에게야말로 침대는 가구가 아니라 놀이기구인지도 모르겠습니다.

아이들이 다치는 것을 모두 막을 수는 없습니다

아이들이 다치는 것을 줄이려면, 우리가 모든 외상을 예방할 수 없다는 것부터 인정하고 시작해야 합니다. 뭔가 말이 안 되는 것 같지만, 아이가 어느 정도 다치는 것은 아이의 성장 과정에서 언제든지 일어날 수 있는 일입니다. 아이의 왕성한 호기심과 도전 정신을 부모가 모두 차단할 수는 없으니까요. 그러니 아이가 다치면, 부모도 함께 성장하면서 예방하고 대처하는 법을 배워나가면 됩니다. 처음부터 완벽한 부모는 없습니다. 우리도 성장하면 됩니다.

아이들이 다치는 이유의 절반은 우리 아이들이 말 그대로 '아이'이기 때문이고, 나머지 절반은 집이 다치기 좋은 곳이기 때문입니다. 아이들에게 우리 집이 어떤 공간인지 경험해보려면, 아이의 눈높이로 잠시 내려가 보면 됩니다. 아이의 입장에서 생각해보라는 것이 아니라 실제로 아이의 키만큼 내 몸을 낮추고 엎드려 기어보거나 무릎으로 걸어보시죠. 식탁 상판이나 의자 모서리, 방문 손잡이 등 성인의 편의를 위해 만들어진 가구의 대부분이 아이들의 머리나 얼굴에 부딪히기 좋은 높이인 것을 알 수 있습니다. 또 어른 체형에 맞추어진 소파나 침대도 아이들에게는 자신의 키와 맞먹는 높이가 되지요. 이런 공간에서 아이들이 자신의 호기심과 활력을 발휘하다 보면 부딪히고 다치는 일이 안 생기는 게 이상하겠지요.

집 안에서 아이들의 외상을 예방하려면

☑ 당분간 멋진 디자인은 포기합시다.

신혼 때 꿈꾸었던 북유럽식의 인테리어는 아이들의 안전을 위해서 조금 더 접어두어야 합니다. 일단 가구 디자인부터 포기해야겠네요. 아이들은 가구 모서리에 다치는 경우가 많습니다. 이를 막기 위해서 가구의 모서리를 덮을 수 있는 다양한 보호 장치들이 많이 판매되고 있으니 아이가 부딪힐 만한 부분에 붙여두세요.

문틈도 조심해야 합니다. 환기를 하거나 문을 여닫을 때, 바람이 불어 방문이 닫히면서 아이들의 손이 끼이는 일도 자주 있습니다. 가끔은 아이가 근처에 있는 줄 모르고 어른들이 문을 닫다가 그런 일이 생기기도 하지요. 문이 강하게 닫히지 않도록 하는 보호 장치를 사용하거나 문을 열어둘 때에는 갑자기 닫히지 않도록 약간 무게가 있는 것을 괴어놓는 것도 이를 막는 방법입니다.

옷장이든 부엌의 수납장이든 아이들에게 문고리가 달린 곳은 신비의 세계로 가는 관문에 가깝습니다. 뭔가 숨겨진 걸 꺼내고 만지는 것만큼 아이들이 좋아하는 일도 없죠. 하지만 부엌에는 날붙이처럼 아이들이 만져서는 안 될 것들이 많이 있습니다. 그리고 아이가 옷장 서랍을 열고 그 안에 들어가는 경우도 가끔 있는데, 그 경우 서랍장이 쏠려 넘어지면서 아이들이 크게 다치기도 합니다. 실제로 이런 이유 때문에 판매하던 서랍장을 모두 회수한 사례도 있었지요. 그러니 서랍장이나 부엌의 수납장은 문과 문을 연결하여 쉽게 열지 못하게 하는 안전장치를 설치하는 것도 생각해볼 만합니다.

이렇게 각종 안전장치를 설치하고 나면 비록 북유럽식 느낌은 사라졌지만 좀 더 안전하게 변한 우리 집의 모습에 뿌듯해질 겁니다. 약간은 아쉽다고요? 걱정 마십시오. 곧 우리 아이들은 집 안 곳곳에 화려한 그림 작품을 남겨서 여러분 마음에 남은 미련을 말끔하게 지워드릴 겁니다.

☑ 고요함은 폭풍 전야일 뿐

아이가 언제 다치는지 정확한 시기는 알 수는 없습니다. 하지만 한 가지는 확실합니다. 아이와 함께 집에 있는데 일순간 고요함이 찾아온다면, 그건 평화의 순간이 결코 아닙니다. 아이가 무언가에 집중하고 있기에 조용한 것이므로 꼭 아이가 무얼 하고 있는지 둘러보고 아이의 위치를 확인해주십시오. 물론 잠들어 있거나 책을 읽고 있는 아이들도 있을 것이라고 생각합니다만, 제 딸도 많은 경우 큰 사고를 쳐서 아빠 엄마를 외쳐 부르기 직전에는 아주 조용했던 기억이 납니다.

☑ 정리를 부지런히

아이 키우면서 제일 힘든 일 중 하나가, '돌아서면 난장판이 되어 있는 집'이라고 생각합니다. 하지만 어쩌겠습니까. 바닥에 떨어진 물건에 아이들이 걸려서 넘어지고 밟아서 아프다고 울고 그러는데 일단은 부지런히 치우고 봐야죠. 그렇다고 매번 제자리에 정리하는 것도 보통 일이 아닙니다. 그럴 경우 큰 상자나 통을 '임시 정리함'으로 두고 놀이나 학습이 끝나면 거기에 한꺼번에 넣었다가 아이가 잠든 후에 찬찬히 정리하는 방법도 있습니다.

또한, 아이들이 가장 잘 넘어지는 장소 중 하나인 욕실은 가급적 바닥이 젖어 있지 않도록 하고, 미끄럼 방지 스티커나 패드 등을 설치해서 미끄러짐을 최대한 예방할 필요가 있습니다.

☑ 올라갈 수 있는 곳 = 떨어질 수 있는 곳

부모의 생각보다 아이들은 오르는 법을 빨리 배웁니다. 특히 주변의 물건을 이용해 오르는 법도 금방 익히지요. 그 대신 안전하게 내려오는 법은 더디 배웁니다. 책상이나 침대 혹은 장식장, TV장처럼 아이들이 오르기 좋고, 또 관심을 끌 만한 물건이 많은 곳 옆에는 딛고 올라설 만한 물건들은 미리 치워 두는 것이 좋습니다. 그리고 아이 장난감 중에도 미끄럼틀 등 높이가 있는 것을 사용할 때에는 항상 곁에서 지켜볼 필요가 있습니다. 아니면 미끄럼틀 가장 높은 곳에 위태롭게 서서 엄마나 아빠를 목 놓아 부르는 모습을 목격하게 될 겁니다.

☑ 아이를 안았을 땐 안고 있는 것에만 집중!

어른이 어린아이를 안고 있다가 떨어뜨리는 경우도 종종 생깁니다. 아이도 놀라지만 아이를 안고 있던 어른이 더 놀라고, 아이에게 무척 미안해하죠.

아이가 어느 정도 자라 목도 잘 가누고 등도 꼿꼿해지면 안아주는 어른의 몸에 자신의 몸을 잘 기대는 법을 배웁니다. 하지만 그 전에는 잘 안으려고 해도 뒤로 획 몸을 젖히기 일쑤지요. 잘 안았다고 해도 아이가 갑자기 움직이면 균형을 잃어 떨어뜨릴 수도 있습니다. 특히 다른 한 손으로 일을 하거나 물건을 들었을 때 그런 일이 생길 수 있습니다. 그러니 아이를 아기띠와 같은 보조 기구 없이 팔로만 안았을 때에는 두 손으로 단단히 안으시고, 아이를 안고 있는 동안에는 손을 써야 하는 일은 가능한 한 피해주세요.

☑ 베란다와 창문은 아이들에겐 출입 금지 구역

잊을 만하면 들려오는 안타까운 소식 중 하나가, 창이나 베란다에서 아이들이 떨어지는 사고입니다. 왜 그런 일이 생길까 싶지만, 침대가 창가에 있는 경우 아이들이 침대를 딛고 창틀에 오르기도 합니다. 그리고 몸통보다 머리가 큰 아이들의 체형 때문에 베란다 창살 틈으로 머리만 빠져나가면 몸도 단번에 빠져나갈 수 있습니다. 그러니 창 옆에는 침대나 딛고 오를 수 있는 것을 두지 않아야 합니다. 또 베란다로 통하는 문은 아이가 쉬이 열지 못하도록 하시고 환기를 위해 열어둘 때에는 별도의 차단막을 설치해서 아이가 혼자 나가지 않도록 해야 합니다. 난간 옆에는 밟고 오를 수 있는 물건을 미리 치워두어야 합니다. 그리고 아이가 가지고 놀다가 창이나 베란다 밖으로 떨어뜨릴 만한 물건도 다른 곳에 보관해두는 것이 좋습니다.

☑ 안전 교육은 어릴 때부터

아이의 일거수일투족에 전전긍긍하며 아무것도 못 하게 하라는 것이 아닙니다. 아이들에게 자신이 한 행동이 위험할 수 있고, 그런 사고가 생길까 봐 부모인 우리들이 많이 걱정하고 있다는 것을 계속 알려주어야 한다는 말씀입니다. 아이가 위험한 행동을 했을 때 화를 내거나 윽박지르지 마시고, 단호하고 차분한 어조로 안 된다는 것을 알려주고, 그 이유도 찬찬히 설명을 해주어야 합니다. 물론 꽤 많은 인내심이 필요하고 시간도 많이 걸리는 일입니다. 하지만 그렇게 만들어진 생활 습관이 우리 아이들을 지킬 것을 생각한다면 한번 해볼 만하지 않을까요?

잊지 맙시다!

❶ 북유럽풍 인테리어는 잠시 포기, 각종 안전장치를 설치합시다.
❷ 아이가 조용한 순간은 우리가 가장 조심해야 하는 순간입니다.
❸ 올라갈 수 있는 곳은 곧 떨어질 수 있는 곳입니다.
❹ 아이를 안을 때는 두 손으로 단단히 안읍시다.
❺ 베란다와 창문 등에 올라설 수 없도록 주변을 정리해둡시다.

아이가 다쳤을 때 가장 먼저 해야 할 일

온갖 예방 조치를 다 해뒀지만, 설마 하고 놔뒀던 가구의 모서리에 아이가 세게 부딪치고 말았다고 합시다. 지금부터 우리가 해야 할 일은 무엇일까요?

☑ 우선 부모가 진정해야 합니다.

아이가 다치면 부모 역시 당황하기 마련입니다. 당연한 일입니다. 내가 다치는 것도 당황스러운데 내 자식이 눈앞에서 다쳐 울고 있으니 오죽하겠습니까. 그렇지만 아이는 어른의 불안과 공포를 본능적으로 느낍니다. 다친 아이 앞에서 부모가 겁을 먹거나 흥분한 모습을 보이면 아이들은 더 이상 기댈 곳이 없어집니다. 또 자칫 부모의 그런 모습을 화난 것으로 생각하고 자신의 증상을 제대로 말하지 못하는 경우도 있지요. 실제로 뼈에 금이 가는 정도의 부상인데도 혼이 날까 끙끙 참고 있다가 하루 이틀 뒤에야 병원에 오는 경우도 있습니다. 그러니 일단 아이가 다치면, 심호흡을 하고 일관되고 따뜻한 자세로 아이의 불안감을 줄여주는 것이 어른으로서 해야 할 첫 번째 일입니다.

☑ 그다음 무슨 일이 일어났는지 확인해야 합니다.

떨어진 것인지, 뭔가 깨진 것인지, 부딪힌 것인지 확인합니다. 그리고 아이와 내가 있는 곳이 안전한지 살펴야 합니다. 혹시 무언가 깨졌다면 그 조각들이 아이나 나를 다치게 할 가능성은 없는지 살펴야 합니다. 혹여 그런 위험이 있는 경우에는 일단 안전한 장소로(다른 방이나 욕실 등) 이동한 후 다음 처치를 진행해야 합니다.

그다음 어떤 부위에 상처를 입었는지 조심스럽게 살펴보세요. 대단한 기술이 필요한 것은 아닙니다. 긁히거나 멍이 올라오는 부위가 있는지, 어디 피가 나거나 부은 곳은 없는지 조심스레 살피는 것으로 충분합니다. 아직 말을 잘 못하는 아이의 경우 특정 부위를 잘 안 쓰려고 하거나, 걸음이나 팔의 동작이 부자연스럽지 않은지를 잘 보아야 합니다. 다친 부위도 중요하지만 아이의 전신 상태도 함께 살펴야 합니다. 과하게 칭얼거리지는 않는지, 자꾸 자려고 하는지 혹은 구토를 하진 않는지 지켜봐주세요.

아이가 다친 정도를 가늠하기 어렵고 아이를 병원에 데리고 가기도 쉽지 않은 상태라면 119 구급대의 도움을 얻어 병원으로 빨리 가는 것도 한 방법입니다.

낙상: 어딘가에서 떨어졌을 때

침대, 각종 가구, 심지어는 어른 품에서 아이가 떨어지는 경우가 왕왕 있습니다. 아이들은 어른에 비해 상대적으로 머리가 크고 무겁기 때문에 떨어지면서 머리를 다치는 경우가 많지요. 피가 나는 곳이 없다면 아이가 어떤 증상을 보이는지 살펴보세요. 혹시 토하지 않는지, 다치면서 기절하지는 않았는지, 팔과 다리의 움직임은 평소와 같은지, 자꾸 자려 하거나 축 늘어져 있지 않은지를 확인해야 합니다. 다칠 때 정신을 잃었거나 다친 이후 구토나 경련, 늘어짐이 있다면 반드시 병원에 가서 영상 검사를 해봐야 합니다.

큰 증상이 없어도 떨어져 다친 아이를 집에서 두고 보기는 쉽지 않습니다. 그러니 상태를 잘 모르겠으면 일단은 병원으로 데리고 와주세요. 옮기는 동안에는 아이의 상태가 변하지 않는지, 어떤 것을 힘들어 하는지 살펴야 합니다. 혹시 다른 시술을 받을지도 모르고, 구토를 할지도 모르니 음료나 음식을 먹이는 것은 피하세요.

병원에 가면, 일단 아이의 상태를 살피고, 그냥 지켜볼지 단순 방사선 검사(X-ray)만 할지 아니면 컴퓨터 단층 촬영(CT)을 할지 결정합니다. 컴퓨터 단층 촬영이 필요한 경우, 정확한 영상을 얻기 위해서 주사제나 먹는 약으로 아이를 재워서 검사를 하기도 합니다. 이 과정 자체가 부담스럽기도 하고, 아이가 방사선에 노출되는 것이 꺼려지기도 하지요. 그런 걱정이 들 때에는 적극적으로 의료진에게 이야기를 하시고 반드시 필요한 검사인지, 아니면 다른 방법은 없는지 상의할 필요가 있습니다.

병원에서 검사를 마치고 집에 돌아와서도 어른들이 해야 할 일이 있습니다. 대부분의 아이들은 응급실 검사에서 큰 이상이 없다면, 집에 돌아올 때에는 착한 병원 생활(?)의 보상인 새 장난감을 들고 신나게 뛰어다니고 있을 겁니다. 하지만 그렇다고 어른들도 마음 푹 놓고 계시면 안 됩니다. 한 이틀 정도는 혹시 또 아픈 곳은 없는지, 평소와 다른 모습이 없는지 살펴주세요. 드문 경우이기는 하지만 처음에는 심하지 않았던 뇌출혈이 서서히 발생하는 경우가 있습니다. 아이가 병원에서 돌아온 이후와 다른 모습을 보인다면 바로 다시 병원으로 데리고 와주세요. 특히 앞에서 말씀드린 것처럼 수차례의 구토, 심한 두통, 의식 저하나 경련이 있다면 즉시 병원으로 가야 합니다.

열상: 찢어지고 피가 날 때

아이들이 피를 흘리며 다쳐서 오는 부위는 머리와 얼굴이 가장 많고 그다음 손발이 아닌가 합니다. 어디를 다치든 기본 원칙은 동일합니다. 깨끗한 물로 상처를 씻어내고 거즈를 대고 상처를 눌러서 지혈을 하는 것이지요. 칼에 베인 상처처럼 다친 자리가 깨끗하다면 굳이 물로 씻을 필요가 없겠지만 흙바닥 같은 곳에서 넘어져 상처 주변이 지저분하다면 상처를 세척하는 일은 매우 중요합니다. 세척이라고 하지만 별건 아닙니다. 꼭 소독된 물이 필요한 것도 아닙니다. 그냥 흐르는 수돗물로 큰 이물질만 제거해도 병원에서 처치하기가 한결 수월해지지요. 상처를 씻을 때 피가 물에 섞이면서 출혈이 엄청나게(!) 많아 보이기도 하니 너무 놀라지 마세요.

상처를 씻은 후에는 상처 부위에 거즈를 대고 꾹 누르거나, 거즈 위를 압박 붕대로 감고 병원으로 오시면 됩니다. 탈지면이나 휴지는 작은 조각들이 상처에 달라붙어 병원에서 상처를 살피는 데 방해가 될 수 있으니 가능하면 깨끗한 면이나 거즈를 이용하는 것이 좋습니다. 참, 궁금한 마음은 이해하지만 병원 오는 중간에 싸매둔 상처를 열어 보는 것은 지혈에 도움이 되지 않습니다. 병원까지 꾹 참고 와서 의사와 함께 확인하시지요.

상처를 다룰 때 피해야 할 일도 있습니다. 피가 나는 상처에 소독액을 직접 뿌리는 것은 상처 회복에 오히려 독이 될 수 있습니다. 또 흔히 지혈제(!)라고 부르는 흰색 가루를 상처에 잔뜩 뿌려서 오는 분들도 있습니다. 물론 지혈에 어느 정도 도움은 됩니다만, 봉합을 해야 할 상처라면 그 지혈제를 씻어내느라 시간이 한참 걸리기도 합니다. 때로는 담뱃잎, 어떤 풀을 찧은 것, 된장(진짜 있습니다!) 같은 것을 상처에 발라서 오는 분들도 있습니다. 물 이외의 이물질은 상처를 자극해서 아이들을 아프게 할 뿐 아니라 감염의 위험을 높일 수 있으니 피해주세요.

그런데 아이가 다쳐서 피를 흘린다면 언제 병원에 데리고 가야 할까요? 다친 직후부터 상처에는 세균이 증가하기 시작합니다. 그래서 가능한 한 빨리 봉합을 하는 것이 좋죠. 하지만 이런저런 이유로 바로 병원에 가기 곤란한 경우도 있을 수 있습니다. 상처가 크게 지저분하지 않고 표면의 이물질을 씻어냈다면, 손발은 6시간, 얼굴은 24시간 이내에 치료를 받으면 흉터나 상처 감염에 큰 차이가 없다고 알려져 있습니다. 뒤집어서 생각하면 이 시간 안에는 병원에 가야겠죠? 병원에 가면, 상처가 심하지 않아 드레싱 정도만 받고 오거나, 아니면 봉합을 하게 될 것입니다. 아이가 통증을 참을 정도의 나이가 되지 않았다면, 약을 써서 재운 후 봉합을 하기도 합니다.

힘들게 상처를 꿰매고 집으로 돌아왔다고 하더라도 우리 일이 아직은 끝난 것은 아닙니다. 보통 이틀에 한 번 정도 병원에 들러 상처를 닦아내고 잘 낫고 있는지 확인해야 합니다. 대부분의 상처는 큰 문제없이 낫습니다만, 여러 가지 이유 때문에 3.5% 정도의 확률로 상처가 덧나기도 하지요. 이런 것을 살피기 위해 병원에 정기적으로 오시라고 말씀드립니다.

그뿐이 아닙니다. 애들이 어디 좀 다쳤다고 쉬이 얌전해지나요. 너무 움직여서 상처가 벌어질까 싶어 애들 진정시키랴, 물 안 들어가게 씻기랴, 신경 쓸 일은 끝도 없습니다.

다친 아이를 씻기는 일은 돌보는 입장에선 무척 심각한 문제가 아닐 수 없습니다. 상처에 물이 들어가면 좋지 않다는 것을 알고는 있지만, 하루하루 꼬질꼬질해지는 아이를 그냥 두고 보기도 힘들죠. 보통은 상처 처치를 한 지 하루 정도 지난 이후에는 상처를 조심스럽게 헹구는 정도는 문제없다고 봅니다. 그 대신 젖은 상처는 부드러운 수건이나 거즈로 살살 두드려 말리고 마른 거즈로 다시 덮어두면 됩니다. 다만 상처를 물에 푹 담그는 목욕은 하면 안 됩니다.

자, 상처가 덧나지 않고 잘 나아간다면 이제 실밥을 뽑는 일만 남았습니다. 뽑는 시기는 대부분 의사의 권고에 따르면 됩니다. 얼굴과 귀의 경우에는 3~5일, 두피는 1주일, 손과 발은 1~2주 이후에 실밥을 제거합니다. 다만 상처의 위치나 상태에 따라 조금씩 달라집니다. 가끔 상처가 벌어질까 걱정이 되어 이 기간을 훌쩍 넘겨서 병원에 오는 경우가 있는데, 그러면 감염이나 흉터가 생길 위험이 오히려 더 높아지니 그러시면 안 됩니다!

실밥을 뽑을 때가 되면 남는 걱정은 결국 흉터지요. 금쪽같은 내 자식, 어디 다친 흔적이라도 남을까 걱정하는 것은 당연합니다. 그래서 가능한 한 숙련된 의사가 상처를 봐주길 바라고, 특히 얼굴의 경우에는 성형외과 의사를 만나길 원합니다. 저도 제 아이가 다쳤다면 똑같은 마음이겠지요. 그렇지만 흉터에 영향을 미치는 건 의사의 기술만은 아닙니다. 아니, 솔직히 이야기하면 이미 다치는 순간에 흉터가 어느 정도 남을지는 반 정도 결정이 난다고 보아도 무방합니다. 깔끔하고 날카롭게 찢어진 상처가 둔하게 찍힌 상처보다, 깨끗한 상처가 지저분한 상처보다 흉터가 적게 남습니다. 즉, 상처의 모양과 다친 양상에 따라 이미 흉터 여부는 상당 부분 결정되지요. 물론 흉터가 적게 남게 하기 위해 우리가 할 수 있는 일도 꽤 있습니다.

실밥을 뽑았다고는 하지만 다친 부위는 원래 피부 강도의 약 5% 정도밖에 되지 않습니다. 그러니 작은 충격에도 또 다칠 수 있죠. 1년에 몇 녀석 정도는 실밥을 뽑은 후 또 상처가 벌어져서 다시 응급실에 오고는 하니, 아이가 같은 부위를 다시 다치지 않도록 잘 살펴주셔야 합니다. 그리고 상처는 약 1년에 걸쳐 색이 붉어졌다 흐려졌다 하면서 안정을 찾아갑니다. 이 시기에 상처가 직사광선에 노출되면 흉터가 좀 더 크게 남을 수 있으니, 외출할 때에는 상처 부위를 가리거나 자외선 차단제를 발라주세요.

사실 한 1년 정도 지나고 나면, 상처도 원래의 피부색을 찾아가고, 또 아이가 성장하면서 흔적도 점점 옅어지기 때문에 너무 크게 걱정하지는 않으셔도 됩니다. 하지만 반대로 흉터가 어느 정도 남을지는 1년 정도는 있어 봐야 한다는 뜻도 되지요. 1년이라니, 말씀드리는 제 가슴이 다 답답합니다. 그러니 언제나 예방이 최고입니다.

둔상: 부딪히고 찍혔을 때

여기저기 부딪히고 우는 건 아이들의 일상이죠. 아이를 키우는 어른들의 일상이기도 하고요. 대부분의 둔상은 딱히 병원에 올 필요가 없긴 합니다. 평소대로 잘 놀고 움직인다면 말이지요. 하지만 부딪힌 부위가 점점 부어오르거나, 평소처럼 움직일 수 없다면 병원에서 아이의 상태를 확인해봐야 합니다. 특히 만지면 자지러지게 울거나 아파한다면 반드시 병원에 데리고 가야 합니다.

둔상의 경우에는 딱히 큰 응급 처치 없이 바로 병원으로 오시면 됩니다. 많이 아파하면 119 구급대의 도움을 요청하는 방법도 있겠지요. 혹시 다친 부위가 많이 부어 보이거나 변형이 있다면, 다친 부위 근처에 단단한 판 혹은 접은 신문지나 잡지를 대고 압박 붕대로 고정을 하면 통증을 줄이고 다친 부위가 악화되는 것을 막을 수 있습니다.

일단 병원에 가면, 의사들이 진찰을 하고 단순 방사선 검사를 하게 됩니다. 그런데 그렇게 검사를 하고도 꽤 많은 의사들이 결과에 대해 애매하게 이야기를 합니다. 안 그래도 애가 다쳐서 심란한데, "지금 보기에는 골절은 명확하지 않지만 가능성이 있긴 있다."라는 식으로 설명을 해서 사람 속을 뒤집어놓죠. 저도 그 마음 백 번 이해합니다.

의사들이 이렇게 답답하게 설명하는 이유는 아이들의 골절은 가끔, 아니 꽤 높은 확률로 영상 검사에서 잘 안 보이기 때문입니다. 어른들의 뼈가 단단한 각목이라면 아이들의 뼈는 대나무에 가깝습니다. 어른의 뼈는 금이 가거나 부러진 것이 영상 검사에서 명확하게 보이지만, 아이들의 뼈는 부드럽고 탄력이 있어서 잘 보이지 않는 경우가 꽤 있습니다. 그래서 앞서 말한 대로 애매하게 설명을 하고, 혹시 모르니 2~3일 정도 지켜보다가 다시 병원으로 오시라고 부탁을 드리지요.

병원에 다녀온 후에는 아이가 다친 곳을 잘 사용하고 있는지, 더 아프다고 하지는 않는지 살펴봐야 합니다. 혹시 모르니 다른 곳을 다치지는 않았는지도 살펴보아야 하고요. 가끔은 다친 첫날에는 잘 보이지 않던 골절이 2~3일 뒤 다시 엑스레이를 찍어보면 보이는 경우도 있습니다. 이런 골절을 속칭 '숨어 있는 골절'이라고 부르는데요. 이 이유 때문에 많은 의사들은 부러진 곳이 확실히 보이지 않아도 아이가 아파하면 다친 부위에(흔히들 '반깁스'라고 부르는) 부목을 대고 퇴원을 시킵니다. 병원에서도 보통은 3~5일 정도 살핀 후 크게 이상이 없고 잘 움직이면 부목을 제거하고 일상생활을 하도록 말씀드립니다.

치료를 마친 후에 생각해봐야 할 일

아이가 다친다는 것은 아이에게도 어른에게도 큰 스트레스가 됩니다. 두 번 겪고 싶은 일은 아니지요. 그러니 아이가 치료를 받고 잘 나았다 하더라도, 우리가 해야 할 일은 하나 더 남습니다. 왜 이런 일이 생겼는지 한 번 정도는 찬찬히 생각해봐야 합니다. 우리 아이가 별나서? 아니면 내가 부주의해서? 그날 상황이 뭔가 특수한 것이 있어서? 뭔가 분명 부족했던 부분이 있을 겁니다. 그걸 생각해보고 다음에는 그런 일이 생기지 않도록 막을 방법을 찾아야 합니다. 이 고생을 또 할 수는 없으니까요.

잊지 맙시다!

1. 사고가 나면 일단 진정하고, 현장과 아이의 상태를 우선 확인합니다.
2. 떨어진 아이의 의식은 맑은지, 경련과 구토는 없는지 살핍니다.
3. 베인 상처는 흐르는 수돗물로 씻고 거즈와 압박붕대로 지혈합니다.
4. 골절은 영상 검사에서 바로 보이지 않기도 합니다.
5. 귀가 후에도 2~3일 동안은 다친 부위를 살펴봐주세요.
6. 아이가 다친 원인을 생각해보고 재발을 막을 수 있는 방법을 고민해봅시다.

세상 모든 것이 궁금한 아이들

2장

외상 2

우리 아이 팔이 빠졌어요!

일전에 한 유치원에서 선생님이 아이의 팔을 당긴 후 '탈골'이 발생했고 이 때문에 아동 학대의 가능성을 조사하고 있다는 일이 언론을 통해 알려졌었지요. 그 기사 아래에는 유치원 선생님을 비난하는 수많은 댓글이 달려 있었습니다. 최근 수년 간 여러 가지 사건을 겪으면서 우리 사회가 아동 학대에 대해 경각심을 가지고 주변을 살피고 있다는 점은 매우 다행이라고 생각합니다.

하지만 이 경우는 아동 학대가 아닐 수도 있겠다는 생각을 했습니다. 왜일까요?

응급실에 있다 보면, 하루에 몇 번 정도는 팔을 쭉 늘어뜨리고 어른의 품에 안겨 있는 아이를 만납니다. 겁은 잔뜩 집어먹고 있지만, 크게 아파하지는 않지요. 어떻게 다쳤냐고 물어보면 어른들의 대답은 거의 비슷합니다. "아이와 놀다가 팔을 잡아당겼어요!" "넘어지는 것 같아서 팔을 확 잡아챘어요!" "몰라요. 자면서 뒤척거리더니 일어나서 팔을 못 써요!" 어떤 부모님은 놀라고 당황해서 이런 설명을 하시고, 한두 번 경험이 있는 분들은 뭔가 느긋하지만 좀 쑥스러운 얼굴로 상황을 설명해주시죠.

흔히 어른들이 '팔이 빠진다'라고 하는 이 증상은, 사실 관절이 서로 완전히 분리되는(빠지는) 탈구(dislocation)와는 다릅니다. 의학 용어로는 아탈구(subluxation)라고 부르는데요, 아래팔뼈의 팔꿈치 쪽이 이를 고정하는 올가미 모양의 인대(annular ligament)에서 살짝 빠져나가는 현상으로, 주로 만 5세 이하의 아이들에게 발생하는 '아이들만의 외상'이지요. 아직은 팔뼈가 인대에 단단히 걸려 고정될 만큼 성장을 하지 않은 상태에서, 팔이 펴진 상태로 당겨져서 발생하는 손상입니다. 즉, 관절이 완전히 분리가 되는 탈구와 달리, 뼈를 고정하는 인대에서 살짝 밀려나온 것이지요.

치료는 크게 어렵지 않습니다. 다른 외상이 없고 그저 당긴 정도로 발생한 증상이라면 간단하게 원래의 자리로 되돌릴 수 있지요. 그래서 이 증상을 자주 겪는 아이의 보호자들은 팔을 끼우는 방법을 좀 알려

달라고 부탁하기도 합니다. 솔직히 병원 가봐야 하는 게 별로 없어 보입니다. 영상 검사도 잘 하지 않고, 손목 몇 번 돌리고 팔 한 번 굽히고 나면 괜찮아졌다며 돌아가라고 하죠. 그럼에도 병원에 오라고 말씀드리는 이유는, 가끔 다른 외상으로 발생한 손상을 단순히 팔꿈치 아탈구로 오인하는 경우가 있기 때문입니다. 아이가 팔을 아파하기 전후의 상황을 곰곰이 생각해보시고, 진료하는 의사와 상의하셔서 혹시 다른 곳이 다쳤을 가능성을 확인해보는 것이 필요합니다. 특히 그냥 당긴 것이 아니라 어디 부딪쳤거나 넘어진 후 아파하는 것이라면 꼭 이야기를 해주셔야 합니다.

이 증상의 가장 큰 문제는 자꾸 재발한다는 것입니다. 일상생활을 하면서 팔을 약간 당기는 정도였는데도 자꾸 팔이 빠지니 보호자 입장에선 속이 상할 수밖에 없습니다. 이러다 나중에 무슨 문제가 생기는 것이 아닌가 걱정도 되고요. 하지만 다행히 반복해서 생기더라도 이후 성장에 큰 문제를 일으키지 않는다고 알려져 있습니다. 그리고 아이의 팔뼈가 인대에서 쉬이 밀려나오지 못할 정도로 커지는 만 5세쯤 되면 잘 생기지 않지요. 물론 성장에 따라 개인차가 있을 수 있으니 혹여 6세 즈음에 생기더라도 너무 걱정하실 필요도 없습니다. 애 키우는 일의 절반 정도는 그저 참고 기다리는 것 아니던가요.

이 손상은 '보모 팔꿈치(nursemaid elbow)'라는 별명으로 불리기도 합니다. 아이를 돌보는 과정에서 잘 생겨 이런 이름이 붙은 게 아닌가 싶습니다. 앞에서 팔이 펴진 채 당겨지면 잘 생긴다고 말씀드렸는데요. 아이와 함께하는 시간을 잘 생각해보시면 이런 장면이 머릿속에 그려지실 겁니다. 잠든 아이를 일으켜 깨울 때, 옷 갈아입힐 때, 같이 놀아줄 때, 특히 주중에는 시간이 없어 잘 놀아주지 못하던 아빠들이 주말을 맞이하여 인간 놀이기구로 변신하면서 이런 경우가 많이 생기지요.

아이의 팔을 펴서 당기는 자세를 아예 피할 수는 없습니다. 제 딸도 엄마 아빠 팔에 매달려서 공중 점프 하는 걸 얼마나 좋아하는데요. 그 즐거움을 포기하긴 어렵죠. 다만, 한 번 이런 경험을 한 아이는 팔이 심하게 당겨지지 않도록 주의를 기울이실 필요가 있습니다.

잊지 맙시다!

❶ '팔이 빠졌다'고는 하지만 '탈구'와는 다릅니다.

❷ 5세 이하 아이의 팔이 쭉 편 상태로 당겨질 경우 잘 생깁니다.

❸ 재발하기 쉽지만 자라면서 점점 빈도가 줄어듭니다.

❹ 혹시 부딪히거나 넘어진 것은 아닌지 잘 살핍시다.

코에 뭘 넣었어요!

응급실에서 간혹 웃지도 울지도 못하는 상황을 만나게 될 때가 있습니다. 그중 하나가 아이들의 코안에 뭐가 들어갔다며 오는 경우지요. 보호자의 당황한 얼굴과는 달리 아이의 얼굴은 상대적으로 편안해 보여서 저도 쓴웃음을 짓고는 합니다. 물론 콧속에서 작은 인형, 비비탄, 혹은 콩알이 빼꼼 정체를 드러내면 마냥 웃고만 있을 수는 없지만 말입니다.

☑ 아이들은 왜 자기 몸에 뭔가를 집어넣을까요?

바로 자신의 몸에 대한 아이들의 호기심 때문입니다. 자신의 몸이 호기심의 대상이 된다는 것이 어른들의 입장에선 잘 이해가 안 될 수도 있습니다. 그러면 이런 상상을 한 번 해보죠. 어느 날 잠에서 깼더니 내가 다른 사람의 몸이라면? 혹은 사람이 아닌 동물의 몸이라면 여러분은 어떨 것 같으세요? 우리도 넘치는 호기심(?)을 주체 못 하지 않을까요? 그런 것처럼 아이들도 이제 막 인지하기 시작한 자신의 몸이 그렇게 신기할 수 없을 것입니다. 그냥 신기한 마음만 가지고 있으면 좋으련만, 아이들은 꼭 적극적인 탐험에 나서지요. 그리고 가끔 그 탐험 대원(?)들이 탈출을 하지 못해 응급실로 달려오게 됩니다.

☑ 이물질이 들어간 것은 어떻게 알 수 있나요?

사실 아이들이 직접 뭔가 넣었다고 이야기하기 전에는 콧속 이물을 알기 어려운 경우가 많습니다. 아이들도 쏙 넣어놓고 잊어버리는 경우가 많거든요. 감기 기운은 없는데 누런 콧물이 지속되거나 한쪽 코가 계속 막혀 있는 경우, 숨소리가 불규칙하거나 코를 비비는 일이 잦아지면서 힘들어할 때 의심해볼 수 있습니다. 하지만 이런 증상들은 아이들에게 흔히 발생하는 것이라 미리 의심을 하지 않으면 쉽게 알아차리기 어렵습니다.

☑ 어떤 것을 넣고 오나요? 왜 문제가 되나요?

코안에서 발견되는 이물은 크게 두 가지 부류입니다. 하나는 땅콩, 콩알이나 작은 벌레같이 '유기물'인 경우이고 다른 하나는 플라스틱 장난감이나 돌멩이 혹은 수은 전지 같은 '무기물'인 경우입니다. 어떤 경우든 초반에 발견해서 제거하면 크게 문제는 안 됩니다. 그러나 콩 같은 식물은 코안에 오래 있으면 불어서(!) 크기가 커지고 쉽게 부서지기 때문에 단번에 제거하기 어려워집니다. 더구나 시간이 지나면 염증을 일으키면서 부비동염이나 비염을 일으킬 수도 있지요. 무기물은 시간이 지난다고 해서 큰 변화를 일으키지는 않습니다. 그러나 작은 리튬 전지의 경우 코 점막을 손상시킬 수 있기 때문에 주의해야 합니다.

☑ 아이 콧속에서 뭐가 보이면 어떻게 하나요?

집에서 함부로 꺼내려 하지 마세요. 코에 이물이 들어갔을 때, 집에서 할 수 있는 일은 많지 않습니다. 일단 놀란 부모 때문에 더 크게 당황했을 아이를 진정시켜주세요. 부모도 함께 마음을 가라앉힌 후 함께 병원으로 오시면 됩니다. 가끔 집에서 핀셋 등으로 어떻게든 꺼내 보려고 하는 경우가 있는데요, 이런 경우 오히려 이물을 더 밀어 넣거나 코피를 나게 만들어 이후 처치가 더 어려워질 수 있습니다.

가볍게 코 푸는 정도는 시도해볼 수 있습니다. 비비탄처럼 크기가 작고 둥근 물체의 경우, 반대쪽 코를 막고 가볍게 몇 번 풀게 하면 나오는 경우가 종종 있습니다. 절대 무리하게 시키지는 마시고, 아이가 잘 협조할 경우 병원에 오기 전에 시도해보세요.

☑ 병원에서는 어떻게 치료하나요?

응급실에 가면, 일단 기구를 이용해서 콧속을 들여다봅니다. 필요한 경우 엑스레이 같은 영상 검사를 하기도 하지요. 대부분 보는 것으로 쉽게 확인할 수 있지만 깊이 밀려 들어가 작은 내시경을 이용해서 확인해야 하는 경우도 있습니다. 잘 보이는 경우에는 작은 주걱, 집게, 흡입기 혹은 얇은 고무튜브 등을 이용해서 제거를 시도합니다. 열에 예닐곱은 이런 방법으로 꺼낼 수 있습니다. 아이가 잘 협조해준다면 말이죠.

그런데 생판 처음 보는 사람이 자기 콧구멍을 들여다보면서 무언가 꺼내려고 하는데 가만히 있을 애들이 얼마나 있을까요? 보호자나 다른 의료진들의 도움을 얻어 팔다리를 잡고 제거하려 하지만 쉽진 않습니다. 어떤 때는 심폐소생술 할 때만큼이나 의료진이 달라붙어 아이를 붙잡아야 할 경우도 있지요. 이와 같이 아이의 협조를 얻기 어렵거나 이물이 깊이 박혀 제거하기 힘들 경우, 아이를 약물로 가볍게 재워서 제거하기도 합니다. 간혹 주변 조직이 심하게 상해 있거나 일반적인 방법으로 제거가 어려운 경우 수술실에서 절개를 해야 하는 경우도 있긴 하지만 흔히 있는 일은 아니니 너무 걱정하지는 않으셔도 됩니다.

병원에서 이물을 잘 제거했다면 걱정할 일은 끝난 걸까요? 아이들을 무시하시면 안 됩니다! 하나의 이물만 집어넣었다고 장담할 수는 없지요. 병원에서도 이런 가능성을 염두에 두고 살펴보긴 하지만 집으로 돌아온 후에도 하루 이틀 정도는 앞서 말씀드린 증상들이 생기지 않는지 지켜봐주세요. 참, 이물을 제거하는 도중이나 제거한 후에 약간의 코피가 날 수 있으니 너무 놀라지 마시고요.

☑ 어떻게 예방을 할까요?

아이들을 타일러서 이런 일들을 막기는 어렵습니다. 미리미리 치워두는 수밖에 없죠. 콩이나 견과류를 일부러 바닥에 널어두는 경우는 잘 없습니다. 요리를 하거나 간식을 준비하다가 우연히 바닥에 흘린 것을 아이가 주워서 가지고 놀다가 이런 사달이 나고는 하지요. 어른 시선에는 잘 보이지 않지만 아이들의 눈높이에서는 그런 것이 무척 잘 보입니다.

특히 형제들의 장난감에 주의합시다. 4세 이하의 아이들에게 코안에 들어갈 정도로 작은 장난감을 사주는 경우는 많지 않습니다. 블록이나 다른 장난감들도 큼직큼직하죠. 그렇지만 손위 형제들이 있는 경우 작은 장난감이 있는 경우가 많습니다. 매번 아이들을 쫓아다니며 치우기는 어렵겠지만, 블록을 가지고 논 다음에는 꼼꼼히 치우는 습관을 들이는 것이 좋습니다. 아이나 어른 모두 말이죠. 작은 블록 조각을 우연히 몇 번 밟으면 치우는 습관이 아주 빠르게 생길 수 있을 겁니다.

잊지 맙시다!

1. 아이들은 모두 자기 몸에 대해 호기심을 가집니다.
2. 이유를 알 수 없는 콧물이나 코 막힘이 있을 경우 이물을 의심해볼 수 있습니다.
3. 콩과 같은 유기물은 불어서 크기가 커지거나 부스러지기 쉽고 상하거나 염증을 일으키기도 합니다.
4. 대부분 간단히 꺼낼 수 있지만, 깊게 박힌 경우 수면 마취나 수술적인 치료가 필요할 수 있습니다.
5. 집에서 억지로 빼려고 시도하지 마십시오.
6. 바닥에 굴러다니는 것들은 미리미리 치웁시다.

우리 애가 이상한 것을 먹은 것 같아요!

언젠가 한창 걷는 데 재미를 들인 아이와 근처 공원에 산책을 나갔습니다. 잠시 주변을 둘러본 후(정말 한 2~3초 정도였습니다) 다시 아이를 봤더니 아이가 풀밭에 쪼그리고 앉아 있더군요. 무얼 하나 싶어 조용히 다가갔다가 깜짝 놀랐습니다. 누가 바닥에 버려둔 귤을 집어서 막 입에 넣으려던 참이었거든요.

☑ 에비! 지지! 그거 먹는 거 아니야!

사실 아이들이 아무거나 집어서 입에 넣는 것은 아주 흔한 일입니다. 자세한 통계는 없지만 약 4% 정도의 아이들이 동전을 삼킨 경험이 있다는 조사도 있을 정도니까요. 아이들이 삼킨 물질은 대부분 대변을 통해 배출되기에 큰 걱정을 하실 필요는 없습니다. 대략 하루 정도 시간이 걸리지만, 길게는 1주일 정도가 지나서야 나오는 경우도 있긴 합니다. 하지만 물질의 종류와 크기 그리고 모양에 따라 장을 상하게 하거나 걸려서 빠져나오지 못하는 경우가 있으니 아이들의 상태를 잘 지켜봐야 하지요. 동전의 경우 지름이 23mm가 넘거나(100원 동전의 지름이 24mm), 모양에 상관없이 가장 긴 부분의 길이가 30mm를 넘을 경우 식도와 장에 걸려 배출이 늦어질 수 있습니다. 그러니 아이들이 무언가 삼켰다면 그 크기와 모양을 빨리 확인해서 의료진에게 알려주

꿀꺽
CR2032
3V
500
한국은행

는 것이 큰 도움이 됩니다. 혹시 아이가 삼킨 것과 동일한 물건이 있다면 병원에 가지고 가는 것이 좋습니다.

동전과 같이 대변으로 나오는 것을 좀 기다려볼 수 있는 이물이 있는 반면, 가능한 한 빨리 꺼내야 하는 것들도 있습니다. 리튬 전지와 자석이 대표적인데요, 자석을 두 개 이상 삼킨 경우 장을 사이에 끼운 상태로 자석끼리 서로 끌어당겨서 장을 막거나 상하게 할 수 있습니다. 아이들의 장난감이나 문구류에 붙어 있는 자석이 달랑 하나만 있는 경우는 거의 없지요. 그래서 자석을 삼키는 아이의 절반 정도는 두 개 이상을 삼킨다고 알려져 있습니다. 리튬 전지에 포함된 물질이 식도나 장 점막의 손상을 일으킨다는 것은 이제는 꽤 잘 알려져 있습니다. 특히 크기가 큰 전지의 경우 손상이 더 커질 수 있지요. 아이들이 이런 자석이나 전지를 먹었을 가능성이 조금이라도 있다면 즉시 병원으로 달려오셔야 합니다.

☑ 병원에서는 어떻게 하나요?

이물을 삼켜서 응급실로 가면, 일단 의료진은 아이의 상태를 살핍니다. 기도나 식도 상부가 막혀 호흡에 문제가 있지 않은지 가장 먼저 확인하지요. 그 다음에는 어떤 물질을 삼켰는지 듣고, 영상 검사(주로 엑스레이, 가끔은 컴퓨터 단층 촬영)를 시행하여 이물질의 위치를 확인합니다. 일단 호흡이 안정적이고 이물의 위치가 대략 확인되었다면,

의사들이 하는 이야기는 대략 이 중 하나가 될 겁니다.

의사가 "당장 큰 위험은 없어 보이니 집에 가서 아이의 상태를 지켜보시죠."라고 한다면 물체의 크기가 비교적 작고, 덜 위험한 경우입니다. 보통 하루 정도 아이의 대변 상태를 살피는 즐거운(?) 시간을 보내면 몸 밖으로 나온 것을 확인할 수 있지요. 하지만 2~3일이나 뒤적거려도 도통 찾을 수 없거나 복통이나 구토 같은 소화기 증상이 있을 경우 다시 병원으로 데리고 와서 진찰을 받아야 합니다.

"지금은 괜찮아 보이는데 혹시 모르니 입원해서 좀 지켜보시죠." 의사가 이렇게 말할 수도 있습니다. 급한 증상은 없지만 크기가 커서 장에서 잘 배출이 되지 않을 가능성이 있는 경우에는 병원에 입원하여 지켜볼 것을 권하기도 합니다. 정기적으로 진찰을 하고 영상 검사를 해보기 위함이지요.

아이가 위험성이 높은 물건을 먹었거나 장이 손상되었다고 판단된 경우, "내시경(혹은 수술)으로 제거를 해야 합니다. 어서 입원 수속을 밟아주세요."라는 이야기를 듣게 됩니다. 부모님의 심장 박동이 급하게 올라가기 시작하지요.

그리고 때로는 "내시경과 수술이 필요한데 저희 병원에서는 어려울 것 같습니다."라고 할 때도 있습니다. 의사로서 부끄럽고 죄송한 말씀입니다만, 아이들을 위한 내시경 시술과 수술을 할 수 있는 병원이 많지 않습니다. 이런 경우 응급실의 의료진은 아이의 상태를 살피면서 수용 가능한 병원을 찾는 일을 하게 됩니다.

☑ 주워 먹을 만한 물건을 치우는 게 최선입니다.

이렇게 병원에서 마음 졸이기 싫다면 결국 평소에 조심하는 수밖에 없습니다. 아이들에게 주의를 주는 것도 한 방법이겠지만, 물체에 대한 호기심을 해결하는 가장 익숙한 방법이 입에 넣는 것인 아이들을 아무리 혼내고 가르쳐봐야 아이들의 행동이 쉽게 바뀌긴 어렵겠지요.

일단 아이가 태어나면 동전 저금통부터 만드세요. 요즘은 작은 금액도 카드 결제를 주로 하다 보니 동전 보기가 쉽지 않습니다만, 그래도 퇴근하고 보면 주머니에 동전 몇 개가 짤랑거리는 경우가 제법 있습니다. 아이를 키우면서 제가 만든 습관 중 하나가 집에 오자마자 저금통에 주머니 속의 동전을 넣는 것이었습니다. 소소한 저축도 되고 아이가 동전을 먹을 가능성을 확실히 줄일 수 있습니다.

사용이 끝난 리튬 전지는 즉시 버리세요. 아빠가 되기 전에는 이렇게 많은 전지를 사게 될 줄은 몰랐습니다. 소리 하나 불빛 한 줄 나오는 모든 장난감에 전지가 들어가더군요. 전지를 처음 넣을 때는 건전지 덮개가 나사로 단단히 고정되어 있는지를 살펴야 합니다. 요즘 나오는 완구는 대부분 그렇게 제작이 됩니다만 혹시 아닌 것이 있다면 접착테이프 등으로 단단하게 고정해서 전지 덮개가 열리지 않도록 해야 합니다. (아이들의 과격함을 생각하자면 꽤 튼튼하게 고정해야 합니다.) 애들이 며칠 뚱땅거리면 금세 전지를 갈아야 합니다. 교체한 전지는 곁에 두지 마시고 즉시 수거함에 버리시고 여의치 않아 집에 모은다면 아이들의 손이 절대 닿지 않는 곳에 두어야 합니다.

사실 아이들이 삼킬 만한 것은 집 안 어디에나 있습니다. 앞서 설명해 드렸듯이 아이들의 눈높이는 어른보다 훨씬 낮기 때문에 우리 눈에는 안 보였던 물건들이 잘 보입니다. 책상이나 식탁 아래, 잘 쓰지 않는 맨 아래 서랍 등을 잘 살펴보세요. 혹시 아나요? 누군가 숨겨두고 잊은 비상금을 찾게 될지도 모릅니다.

잊지 맙시다!

❶ 아이들은 아무거나 집어삼킵니다. 호기심을 해결하는 가장 익숙한 방법이거든요.

❷ 삼킨 물체의 크기와 모양이 가장 중요합니다.

❸ 뾰족한 물건, 두 개 이상의 자석, 리튬(수은) 전지를 삼켰다면 응급 상황! 빨리 병원으로 가세요!

❹ 아이가 삼킨 것과 동일한 물건이 있다면 병원에 가지고 갑니다.

❺ 아이가 삼킬 만한 것들을 미리미리 치워둡시다.

아이가 약을 삼켰어요!

어린 시절 저희 집에는 큼직한 수납장이 하나 있었습니다. 옷 등을 넣을 수 있는 큰 공간이 있었고 중간에 작은 서랍이 세 개쯤 있었지요. 그 서랍에 손이 닿을 만큼 자란 다음, 심심하면 그 공간을 뒤져보는 것이 제 취미 중 하나였습니다. 서랍 하나는 무슨 서류 같은 것이 잔뜩 들어 있었고, 다른 하나에는 손목시계 같은 작은 기계들이 자리를 차지하고 있었지요. 그리고 마지막 서랍을 열면 정체를 알 수 없는 알약과 한약 냄새가 나는 검은 덩어리 같은 것을 볼 수 있었습니다. 아마도 저희 집의 상비약을 두는 장소가 아니었나 싶습니다. 제 목표야 주로 가운데 서랍의 시계나 기계들이었지만, 가끔은 궁금해서 약장을 열어서 알약들을 죽 늘어놓고 구경하기도 했지요. (사실 몇 번 먹어보기도 했습니다.)

☑ 아이들이 약을 먹는다고요?

정확하게 말하자면 아이들이 약을 '찾아서' 먹는 것은 아닙니다. 그저 뭔가 눈에 보이는 것을 먹었을 뿐인데 우연히 그게 약이거나 혹은 먹어서는 안 되는 것들일 뿐이죠. 사실 아이들이 약을 먹고 응급실까지 오는 경우는 그리 많지는 않습니다. 국가응급진료정보망을 이용해 분석한 연구를 보면, 지역응급센터급의 비교적 큰 응급실을 방문한 미성년 중독 환자는 매년 5000명 정도라고 합니다. 그 중에서 12세 이하의 어린이들은 2600명 정도고요. 하지만 이것은 비교적 큰 응급실에 방문한 환아를 대상으로 한 것이라 전체 중독을 다 반영한다고 볼 수는 없습니다. 특히 큰 이상이 없어 집에서 지켜보는 아이들의 수가 포함되어 있지 않기 때문에 정확한 수는 이보다 더 될 것으로 생각합니다.

☑ 어떤 것을 먹나요?

소아용 약을 필요 이상으로 많이 먹거나 어른들의 약을 호기심에 삼키는 경우가 전체의 반 정도 됩니다. 그 외에 가정에서 쓰는 각종 세제나 화장품 등, 어른들 같으면 삼키기는 고사하고 입에 넣고 있기도 힘든 것들을 먹어서 우리를 당황하게 하지요. 특히 소아용 물약은 맛과 향이 달달하다 보니 필요 이상으로 먹기 딱 좋습니다. 그래서 빈 물약병을 들고 응급실로 달려오는 분들도 가끔 뵙게 됩니다.

☑ 어떻게 예방할까요?

아이들을 중독에서 보호하는 일은 생각보다 간단합니다. 약을 아이들 손이 잘 닿지 않는 공간에 보관하기만 해도 대부분의 소아 중독은 방지할 수 있습니다. 하지만 이게 말처럼 쉽지는 않지요. 아이들에게 챙겨 먹일 때마다 약을 보관함에서 꺼내는 것도 여간 귀찮은 것이 아니다 보니 자꾸 손이 쉽게 가는 곳에 두게 됩니다. 어른들이 매일 복용하는 혈압약이나 당뇨약 같은 것도 그렇지요.

사실 대부분의 약은 효과를 나타내는 용량과 독성을 나타내는 용량의 차이가 커서 원래 처방한 용량보다 조금 더 먹었다고 해서 큰 문제가 되지는 않습니다. 그러니 너무 걱정하실 필요는 없지요. 하지만 몇몇 약은 보관에 좀 더 신경을 쓰셔야 합니다. 특히 어른의 부정맥약이나 혈압약, 당뇨약 등은 성인 용량으로 한 알만 먹어도 위험할 수 있기 때문에 아이가 있는 집에서는 이런 약의 보관에 특히 신경을 쓰셔야 합니다.

처방전과 상비약의 포장은 버리지 말고 같이 보관하세요. 약의 이름, 성분과 용량은 제조사에 따라 차이가 큽니다. 혹시나 아이가 과량 복용을 했을 때, 치료 계획을 세우는 데 중요한 정보가 될 수 있으니까요.

성분을 알 수 없는 약은 전부 버리세요. 언제 처방받았는지 알 수 없는 약이 한두 봉지 남아 있나요? 지금 당장 다 버리세요. 전에 그 약을 먹고 나았다면 그 약은 제 할 일을 이미 다 한 겁니다. 약을 숙성(?)시켜 둔다고 효능이 더 좋아질 리도 없고 약의 변성이나 세균 번식으로 해가 되는 경우가 더 많습니다. 더구나 여기저기 놓여 있는 정체 모를 약들은 아이들이 노릴 만한 목표만 될 뿐이지요. 명심하십시오. 아이들은 항상 우리의 빈틈을 노리고 있습니다.

상비약의 유통기한을 확인하세요. 원칙은 간단합니다. 유통기한을 넘지 않은 것은 보관하시고, 유통기한을 넘었거나 잘 알 수 없는 것은 전부 버리시면 됩니다. 아깝다는 생각이 든다면, 변질된 약을 우리 아이가 먹으면 어떻게 될까 한 번만 생각해보시기 바랍니다. 가정용 상비약을 살 때, 미리 상비약의 유통기한을 확인해서 겉에 크게 적어두는 것도 좋은 방법입니다. 약을 버릴 때는 동네 약국에 가져다주시면 안전하게 처리할 수 있습니다.

약품을 나누어 보관할 때는 용기에 주의하세요. 콜라인 줄 알고 벌컥 들이켰는데 알고 보니 간장이라 뱉어본 적 없으신가요? 전 있습니다. 그런데 만약 이게 간장이 아니고 다른 약품이었다면? 가끔 세제나 접착제 혹은 다른 가정용 화학물질을 작은 병에 옮겨 담아두는 분들이 있습니다. 이것은 아이뿐만 아니라 어른에게도 매우 위험합니다. 작은 병에 담아야 할 경우에는 내용물을 볼 수 있도록 투명한 병을 사용하고, 견출지나 유성 펜을 이용하여 내용물을 정확하게 적어 두십시오. 그리고 한 가지 더, 아이들은 냉장고 안에 먹을 수 있는 것 이외의 것이 들어 있을 가능성은 잘 생각하지 못한다는 사실을 기억해 주세요. (저도 그렇습니다.)

☑ 약을 먹은 것이 의심되면 어떻게 하나요?

우선 아이의 상태를 살펴야 합니다. 아이가 잘 깨어나 이야기를 하는지, 호흡이 너무 빠르거나 느리지는 않은지, 얼굴이 창백하거나 입술에 청색증이 보이지는 않는지 살펴야 합니다. 평소와 다른 양상이 하나라도 있으면 일단 119의 도움을 받아 병원으로 가야 합니다.

억지로 토하게 하지 마십시오. 당황해서 아이의 등을 두드리거나 손가락을 넣어 토하게 만드는 것은 아이에게 더 위험할 수 있습니다. 또한 중화(?)시키기 위해 우유 등을 마시게 하는 것도 대부분 도움이 되지 않습니다.

의심이 되는 약과 그 양을 찬찬히 생각해보세요. 정확히 알 수 없으면 언제 며칠 치 처방받은 약인지 기억해내는 것도 양을 추정하는 데 큰 도움이 됩니다. 또 만약 있다면 병원에 갈 때 약의 포장지와 처방전을 챙겨 가시고 잘 모를 경우 약 자체를 들고 가면 의료진이 약을 검색해볼 수 있습니다.

미국의 경우 전국에 55개의 중독센터가 있어서 급한 경우 의사뿐 아니라 일반인들이 전화를 해서 도움을 받을 수 있습니다. 하지만 아직 국내에는 이런 도움을 받을 수 있는 곳이 없지요. 급한 마음에 응급실에 전화를 해보지만 응급실이 전화 상담을 받는 곳이 아니다보니 원하는 정보를 얻기 어려울 때가 많습니다. 이럴 경우 119에 전화를 하면 구급 대원과 상담을 할 수 있고, 지역에 따라서는 구급대의 의료 지도를 담당하는 의사에게서 도움을 얻을 수도 있습니다.

아이가 약을 먹었다면 하루 이틀은 잘 지켜봐야 합니다. 크게 문제가 없는 듯하여 병원을 가지 않은 경우는 물론이고, 병원에 다녀온 경우에도 아이의 상태를 잘 살펴봐야 합니다. 원인 물질에 따라서는 먹은 후 24~48시간 정도 지나야 효과를 나타내는 경우도 있습니다. 밥은 잘 먹는지, 자꾸 토하거나 자려고 하지는 않는지 지켜보다가 평소 아이의 상태와는 다른 모습이 보이면 즉시 병원으로 데리고 오셔야 합니다.

잊지 맙시다!

❶ 약은 아이의 손이 미치지 않는 건조하고 서늘한 곳에 두세요.
❷ 아이에게 어른들이 먹는 약은 한 알도 위험할 수 있습니다.
❸ 약 포장지나 설명서를 함께 보관하세요.
❹ 유통기한을 넘었거나 알 수 없는 약은 전부 버립시다.
❺ 정체를 알 수 없는 병에 물약이나 화학 약품을 나눠 담아두지 마세요.

어른의 부주의로 발생하는 사고

3장

화상

화상, 생각보다 많이 생깁니다

병원이라는 공간은 아이들에게 매우 불편한 곳입니다. 당연하지요. 처음 보는 아줌마 아저씨들이 막 만지질 않나, 입과 귀에 뭔가를 넣어서 힘들게 하고, 정체를 알 수 없는 뾰족한 걸로 찌르기도 하죠. 그래서 많은 아이들은 잔뜩 겁을 먹은 채 병원에 오고, 종종 (아니 사실은 대부분) 울음을 터뜨리고 맙니다. 아, 물론 병원에 가면 사탕을 하나 얻을 수 있다며 좋아하는 저희 딸은 예외로 두지요.

잘 정돈된 외래 진료실로 방문하는 아이들도 이런데, 정신없이 돌아가는 응급실이 아이들에게 얼마나 힘든 공간일지 충분히 이해하고도 남습니다. 하지만 그렇게 힘들어하고 두려워하는 아이들 중에 나이에 상관없이 유달리 심하게 울면서 응급실로 들어오는 아이들이 있습니다. 뜨거운 것에 덴 아이들이지요.

사실 아이들이 화상을 입는 일은 매우 흔합니다. 한국화상협회에서 2014년에 발표한 통계를 보면 10세 미만의 화상 환자가 매년 10만 건을 넘고, 이는 성인을 포함한 전체 화상 환자의 20%가 넘습니다. 1년에 대략 45명 중에 한 명 꼴로 화상을 입는 정도라고 하니 결코 적지 않죠? 아이들이 화상을 입는 이유는 아주 다양합니다만, 그중에서도 열탕 화상, 즉 뭔가 뜨거운 액체에 데는 경우가 가장 많습니다. 전체 화상의 약 80% 정도를 차지하지요. 그 외에는 뜨거운 증기에 다치거나 혹은 뜨겁게 데워진 용기에 접촉해서 다치는 경우들이 있습니다.

화상은 예방이 최선입니다

전 화상이 참 싫습니다. 무엇보다 엄청 아프니까요. 멀리 갈 필요 없이 한여름 해변에서 자외선 차단제 없이 뛰어놀고 난 날 저녁의 피부를 상상해보면 됩니다. 그 화끈거림으로도 잠을 설칠 정도인데, 뜨거운 것에 물집이 잡힐 정도로 데었다면 말할 것도 없겠죠. 그런데 이 화상의 통증은, 찬 걸 대주면 잠깐 나아지기는 하지만 진통제로도 쉬이 가라앉지 않습니다.

화상을 입고 병원에 온 애들을 어떻게라도 편하게 좀 해주고 싶은데 상처를 식히고 항생제나 소염제를 처방하는 것 이외에는 딱히 방법이 없으니, 치료하는 의료진도 답답한 경우가 많습니다. 물론, 병원을 다녀와도 밤새 칭얼거리는 애를 달래야 하는 부모님들의 마음은 더하시겠지요.

물론 안 아픈 화상도 있긴 합니다. 하지만 이건 더 위험합니다. 통증을 느끼는 신경까지 다칠 정도로 화상이 깊다는 뜻이거든요. 피부가 희게 변하거나 아예 검게 변하면서 통증이 느껴지지 않는 화상은 '3도 화상'으로 분류합니다. 이런 경우는 장기적으로 피부 이식 같은 복잡한 치료가 필요할 수 있어서, 가끔은 차라리 아픈 게 낫다(?)는 생각을 하기도 합니다.

화상이 싫은 또 하나의 이유는, 보호자를 겁나게 하는 설명을 잔뜩 해야 하기 때문입니다. 일단 의사들은 "상처가 얼마나 깊은지는 좀 있어 봐야 안다."라는 답답한 소리부터 하죠. 덴 첫날은 그냥 피부가 붉어졌다고만 생각했던 상처가 다음 날에는 물집이 잡히면서 넓어지는 경우가 종종 있기 때문에 이렇게 설명해 드립니다. 하지만 사람을 가장 울컥하게 만드는 건 "낫는 데 시간이 오래 걸린다."라는 말입니다. 2도 이하 화상의 경우 급성기 치료야 1주일 남짓으로 끝나지만 이후 2~3주 정도는 경과를 지켜봐야 하고, 원래의 피부색으로 돌아오는 데 수개월이 걸리는 경우가 대부분이니까요.

아니, 응급실에 왔는데 애는 자꾸 울고 힘들어하고, 의료진이라는 사람들은 겨우 상처 식히고 소독 좀 해주더니 "내일쯤 보면 물집이 잡히거나 범위가 더 넓어질 것이다." "원래대로 돌아오려면 몇 달 걸린다." 이런 소리만 하고 있으니, 부모 입장에서는 답답해 죽을 노릇이죠. 거기에 깊은 화상의 경우 심한 흉터가 남아서 나중에 피부 이식이 필요할 수도 있다는 설명까지 더해지면, 이제는 설명하는 의사가 미워질 지경에 이릅니다. (가끔 보호자들에게 한 소리 듣습니다.) 이러니 화상은 예방이 최선일 수밖에 없습니다.

뜨겁고 위험한 것 = 신나고 신기한 것

그런데 말입니다. 눈에 넣어도 아프지 않은 우리 아이들이 왜 뜨거운 물을 뒤집어쓰고 울면서 병원으로 와야만 할까요? 설마 배가 고파서 혼자 라면을 끓여 먹으려 했거나, 기분 전환을 위해 따뜻한 코코아 한 잔을 타 마시려다가 다친 것은 아니겠죠? 네. 아이들 화상은 대부분 우리 어른들의 부주의 때문입니다.

아이들이 입는 화상의 약 86%는 집에서 발생합니다. 어른들은 '집에 뜨거운 것이 뭐 그렇게 많이 있겠어?' 하고 생각하실 수 있습니다. 자, 그럼 우리 잠시 의자에서 내려와 아이의 눈높이로 몸을 낮춰봅시다. 어떤 분은 앉고 어떤 분은 엎드리셔야 하겠지만, 일단 한번 해보시죠.

어떤 것들이 먼저 눈에 띄나요? 위에서 '열탕 화상'이 가장 많다고 했으니 무언가를 끓이는 건 다 해당되겠네요. 일단 무선 주전자가 눈에 띕니다. 그 옆에 전기밥솥도 보이는군요. 베란다에는 무선 다리미도 놓여 있습니다. 하지만 전부 전원이 꺼져 있고, 차가워진 상태라 우리 아이에게는 위험이 되지 않을 것 같습니다. 그리고 아이 키보다 충분히 높은 곳에 보관되어 있지요.

하지만 이런 전열기들이 일단 작동을 하면 어떤 상태가 되나요? 불이 들어오고 재미있는 소리가 나며(요즘은 말도 합니다!) 때로는 신기한 흰 연기를 뿜어내기도 합니다. 즉, 아이들의 관심을 끌기 딱 좋은 상태로 변하죠. 심지어 그 신기한 물체들은 엄마 아빠가 평소에 손도 대지 못하게 하던 것이었는데, 지금은 딱 손에 닿기 좋은 위치에 놓여 있습니다. 마치 만져달라고 기다리는 것처럼 말이죠. 이런 시선으로 집 안의 전열기들을 바라보면, 우리가 위험하다고 생각하는 대부분의 기구들이 아이들의 호기심을 자극할 만한 것들이고 생각보다 아이들의 접근이 쉬운 상태라는 걸 알 수 있습니다.

아이들이 화상을 입지 않으려면

작동만 하면 아이들의 관심을 끌기 딱 좋은 전열 기구로부터 아이들을 보호하려면 어른들이 주의하는 수밖에 없습니다.

일단 아이들은 생각보다 아주 빠르다는 걸 꼭 기억하세요. 심지어 기어 다니는 아이들도 놀랄 만큼 빠릅니다. 궁금하시다면 저기 어디쯤 아이가 좋아하는 장난감을 작동시켜 두고 눈을 딱 10초만 감았다 떠보시죠. 아마 아이는 이미 장난감을 입에 넣고 있을 겁니다. 즉, '뜨거워서 걱정이긴 하지만 내가 신경 잘 쓰면 되지 뭐.' 정도로는 사고를 예방할 수 없다는 걸 (슬프지만) 인정하고 시작해야 합니다.

그리고 전열기는 아이가 손을 뻗어도 닿을 수 없는 곳에 두세요. 이건 보관하는 장소만이 아니라 사용하는 장소도 그러해야 한다는 말입니다. 밥을 할 때 밥솥 곁을 내내 지키는 것이 아니라면 반드시 그렇게 하셔야 합니다. 무선 주전자에서 하얀 김이 몽글몽글 뿜어져 나올 때, 전기밥솥에서 밥이 다 되고 요란한 알람음과 함께 증기가 배출될 때의 그 신기함은 반드시 아이들의 호기심을 자극합니다. 우리 아이는 그런 데 별 관심이 없어 보인다고요? 그건 관심이 없는 게 아니라 부모님의 눈을 피해 기회를 노리고 있는 겁니다.

자, 이제 아이들이 특히 많이 다쳐서 오는 몇 가지 경우를 말씀드리고 주의사항도 짚어보겠습니다.

☑ 다리미, 다리미, 다리미!

집 안에서 뜨겁기로 따지자면 다리미가 단연 으뜸입니다. 평소에는 구석이나 높은 곳에 보관하지만 쓸 때는 바닥에 내려서 사용하는 대표적인 전열기지요. 하지만 사용할 때는 주로 어른들이 손에 들고 있기 때문에 다리미질을 하는 동안에 아이가 다치는 경우는 거의 없습니다. 대부분 다림질 도중 잠시 다른 집안일을 처리하는 동안이나, 혹은 다림질을 마치고 식히려고 둔 다리미에 데게 되지요. 다리미를 사용할 때는 아이를 곁에 오지 못하게 하고, 사용한 후에는 물기가 있는 수건 등에 다리미 바닥을 가져다 대서 빠르게 식힌 후 수납하는 것이 좋습니다. 다시 말씀드리지만, 아이들은 만지지 말라고 한 것은 안 만지는 것이 아니라 다음 기회를 노리고 있을 뿐입니다.

☑ 커피와 라면과 같은 뜨거운 음식

아이와 함께 있을 때에는 뜨거운 물을 부어야 하는 것을 아예 먹지 않는 것이 가장 좋겠죠. 하지만 그건 불가능하니, 일단 그런 것을 만들었으면 빨리 먹거나 아이가 손을 댈 수 없는 곳에 올려두세요. 뜨거운 커피와 라면 혹은 국을 식탁이나 책상에 올려두었다가 잠시 시선을 돌린 사이 아이가 만져서 쏟아지는 바람에 데는 경우가 많습니다. 밥솥이나 다리미는 그걸 만지는 손을 주로 다치지만, 뜨거운 액체를 쏟는 경우에는 몸의 넓은 부위가 다치는 경우가 많아 치료와 회복에 더 애를 먹기 마련이지요.

그렇다고 아이 곁에서 아무것도 먹지 말라는 이야기는 아닙니다. 저도 아침에 느긋하게 마시는 커피 한 잔의 소중함은 잘 압니다. 하지만 천천히 좋은 시간을 가지되 아이가 뜨거운 그릇을 건드릴 수 있는 가능성은 항상 염두에 두어야겠지요. 참, 어른들이 뜨거운 것을 들고 움직이다 쏟아서 다치는 아이들도 상당히 많습니다. 그러니 기억해주세요. 한자리에서 다 먹고 마시거나, 아니면 멀찍이 높은 곳에 옮겨놓거나.

☑ 정수기와 샤워기

정수기와 샤워기, 둘 다 뜨거운 물이 나오는 곳이죠. 사실 이건 딱히 부탁을 드리지 않아도 모두 조심하고 계시리라 믿습니다. 더구나 요즘 정수기는 다른 버튼을 추가로 눌러야 뜨거운 물이 나오도록 되어 있는 경우가 대부분이지요.

하지만 항상 하지 말라고 하는 것은 더 하고 싶은 법이지요. 특히 어른들만 쓸 수 있는 무언가는 더 큰 호기심을 불러일으킵니다. 온수 안전장치요? 아이들은 기계의 작동법을 생각보다 무척 빨리 배웁니다. 아이들에게 휴대전화 사용법을 알려주지 않아도 어느 날 보면 정체를 알 수 없는 사진들이 막 찍혀 있지 않나요? 그런 아이들에게 정수기 버튼 하나 정도는 그다지 사용하기 어려운 장치는 아닙니다.

그러니 정수기에 온수 안전장치가 있더라도 가능한 한 아이들이 정수기를 직접 사용하지 않도록 해주시고, 만약 사용하는 법을 배우고 싶어 한다면 반드시 부모님께서 안전하게 사용할 수 있도록 지도해주세요. 정 불안한 경우 정수기의 온수 기능을 아예 꺼두거나 샤워기나 세면기의 수도꼭지를 찬물 쪽으로 돌려놓는 습관을 들이는 것도 하나의 방법입니다.

☑ 온수(전기) 매트

'수비드'라는 요리법을 들어본 적 있으신지요? 55~60도 정도의 물에 고기를 담은 주머니를 넣어 익히는 요리법입니다. 단백질은 40도 이상에서 서서히 변성이 된다는 원리를 이용해 비교적 저온에서 느긋하게 익혀내는 방법이죠. 요리로 보면 참 좋은 방법인데, 문제는 이런 '저온에 의한 단백질 변성'이 사람에게도 일어날 수 있다는 점입니다. 그리고 그 현상이 사람에게 발생하면 그건 '저온 화상'이라고 부르지요.

뜨끈한 온수 매트는 육아로 지친 부모에게 좋은 휴식처가 됩니다. 가끔은 주 거주지가 되기도 하지요. 그런데 이 온수 매트 정도의 온도에도 장기간 피부가 노출되면 저온 화상을 입을 수 있습니다. 처음에는 피부가 붉어지고 따끔한 정도지만 그 시기를 지나면 마치 2도 화상을 입은 것처럼 물집이 생기면서 심한 통증이 생깁니다. 고온 화상의 경우 손과 발이 주로 다치는 반면 온수 매트로 인한 화상은 등이나 배, 엉덩이와 다리 같이 넓은 부위의 손상으로 이어질 수 있어서 더 주의해야 합니다. 물론, 대부분의 사람들은 화상을 입기 전에 몸을 돌리거나 움직입니다. 그러나 몸을 잘 움직이지 못하는 영아의 경우 저온 화상이 생길 수 있으니 온수 매트에 아이들, 특히 6개월 미만의 아이들을 오래 눕히는 것은 피하는 것이 좋습니다.

추운 날 아이들이 들고 다니는 핫팩도 주의해야 합니다. 주머니에 넣어 손을 녹이는 작은 핫팩 정도는 괜찮지만, 스키장이나 눈썰매장과 같은 곳에서 오랜 시간 야외 활동을 할 때 옷 안쪽의 배와 등에 장시간 붙이고 있는 경우 저온 화상을 입을 수 있으니 주의할 필요가 있습니다.

화상을 입었을 때, 우리가 해야 할 일

☑ 일단 진정합시다.

아이는 울고 뭔가 쏟아지거나 넘어가 있는 경우가 대부분입니다. 이때 보호자가 흥분하면 아무것도 할 수 없습니다. 심호흡 한 번 하세요. 그리고 현장 확인이 필요합니다.

급한 마음에 맨손으로 뜨거운 것을 치우거나, 뜨거운 것이 담겼던 용기를 만지다가 보호자까지 다쳐서 오는 경우가 왕왕 있습니다. 마음을 진정시켰다면 일단 찬물에 적신 수건 등으로 뜨거운 물건을 옮기거나, 조심스레 아이를 들어 안전한 장소로 옮겨야 합니다. 다음 응급 처치를 생각하면 욕실 등 물이 있는 곳이 가장 좋겠죠.

☑ 자, 이제 상처를 식힙시다.

아이를 안전한 곳으로 옮겼으면 이제 상처 부위를 식혀야 합니다. 물의 온도는 10~25도 정도면 충분합니다. 평소 물 온도 재면서 보관하지는 않으니 그냥 상온의 물이면 됩니다. 수돗물이면 충분하지요.

흐르는 물에 상처 부위를 20~30분가량, 통증이 좀 잦아들 때까지 적셔주면 됩니다. 경우에 따라 물을 계속 흘리기 어려울 때에는, 깨끗한 거즈나 손수건 등을 대고 물을 반복적으로 부어서 적셔주어도 됩니다. 단, 이 경우 아이가 추위를 느껴 덜덜 떨 정도로 젖지 않도록 주의해주십시오.

상처를 식힌 후 병원으로 갈 때에는 깨끗한 손수건이나 거즈를 적셔서 덮는 것이 가장 좋습니다. 휴지나 탈지면 같은 경우에는 작은 조각들이 상처에 들러붙어서 나중에 제거하기 까다로운 경우가 많습니다. 만약 거즈나 손수건 등이 없다면, 면 재질의 깨끗한 천을 잘라서 사용하는 것도 방법입니다.

다친 부위의 옷을 억지로 벗길 필요는 없습니다. 억지로 벗기다가 물집이 잡힌 피부가 벗겨질 수 있거든요. 옷 위에 수건이나 거즈를 대고 상처를 식힌 후 병원으로 데려가주세요.

☑ 어서 병원 갑시다!

아이 상처를 어느 정도 식혔으면, 젖은 손수건 등으로 상처 부분을 느슨하게 덮은 상태로 병원으로 가야 합니다. 물론 상처를 식히고 보니 그냥 붉어진 정도로 그친 것 같아서 병원 가기를 주저하게 되는 경우도 있긴 합니다. (제 어머니도 그러셨죠.) 하지만 화상의 범위와 깊이는 다친 직후에는 잘 알기 어렵습니다. 그리고 얼굴이나 회음부 등 범위가 좁더라도 주의 깊게 확인해야 하는 곳도 있으니 일단 응급 처치 후에는 병원을 방문해서 의사와 이후 계획을 함께 세우는 것이 필요합니다.

☑ 병원에 다녀와서는 뭘 해야 하나요?

다행히 입원을 하거나 화상 전문 병원으로 갈 정도가 아니라면, 몇 시간 뒤에는 아이를 데리고 집에 오게 될 겁니다. 아이는 칭얼거리고 마음은 무겁고, 앞으로 뭘 어째야 하는 것인지 답답하죠. 보통 처음 며칠은 하루에 한 번 정도 병원에 가야 합니다. 상처의 범위가 얼마나 되는지 확인하고 감염은 없는지, 물집이 잡히거나 커지지는 않았는지, 물집을 터뜨릴지 지켜볼지를 결정합니다. 그리고 새로운 거즈 등을 대고 상처를 다시 싸매지요.

약간 경과가 지나면 이틀에 한 번, 이런 상처 평가와 소독을 진행합니다. 처음에는 물기가 많았던 상처가 점점 마르면서 얇은 비닐을 덮은 듯한 모습으로 변하게 될 겁니다. 짧게는 열흘, 길게는 3주에 걸쳐 이런 '급성기 회복'이 이루어지지요.

☑ 태양은 화상의 적!

병원 치료가 어느 정도 끝난 후에도 화상을 입은 상처가 원래대로 돌아오기까지는 수개월의 시간이 걸립니다. 이 기간에 집에서 가장 신경을 써야 하는 것은 다친 부분에 직사광선이 닿지 않도록 주의하는 것입니다. 회복이 진행 중인 상처에 태양광이 오래 닿으면 피부색이 검붉게 침착될 수 있으니까요. 외출할 때에는 가능한 한 상처 부위를 가리는 긴 옷을 입히시고, 옷으로 가리기 어려운 경우에는 자외선 차단제를 발라주세요.

화상을 입었을 때, 이런 일은 피해주세요!

☑ 상처를 식히는 것은 중요합니다. 하지만 얼리라는 말씀은 아닙니다!

간혹 화상을 입은 상처에 얼음덩이를 대고 꽁꽁 묶어서 오거나, 냉수를 부어가며 덜덜 떨면서 오는 분들이 있습니다. 물론 화상에서 상처를 식히는 것은 중요합니다. 하지만 물은 '상온의 수돗물'로도 충분합니다. 너무 차가운 물은 혈관을 수축시켜서 회복을 더디게 할 뿐만 아니라, 화상으로 약해진 조직에 또 한 번의 손상을 입히게 됩니다. 또, 아이들의 경우 체격이 크지 않기 때문에 화상 처치를 위해 너무 차가운 물을 사용할 경우 체온을 떨어뜨릴 위험도 있지요.

☑ 뜨거운 물과 햇볕은 치료 방법이 아닙니다.

항간에 "화상을 입으면 40도 정도의 뜨거운 물에 담그고 햇볕을 자주 쬐어줘라."라는 치료법 아닌 치료법이 돌아다닌 적이 있습니다. 결론부터 말씀드리면, 그건 치료가 아니라 아동 학대입니다. 열에 손상을 입은 피부를 계속 열에 노출시키는 것은 손상을 더 심하게 만들고, 안 그래도 약해진 피부에 햇볕을 쬐는 건 흉터를 더 크게 만들 뿐입니다. 상식적으로 생각해봅시다. 바닷가에서 일광욕을 하다가 등이 벌게졌는데 누가 그거 치료하게 다음 날 또 햇볕을 받고 누워 있으라고 하면 뭐라고 하시겠습니까?

☑ 상처에 아무것도 바르지 마세요.

부탁드립니다. 화상으로 병원에 올 때 상처에 뭘 바르지 말고 와주세요. 상처에 좋다는 의약품을 바르고 와도, 병원에서는 그걸 다 닦아내고 상처의 범위와 깊이를 다시 평가해야 합니다. 그러니 물로만 상처를 식히고 바로 병원으로 오는 것이 가장 좋지요. 물론 심하지 않은 상처다 싶을 때에는 상처 연고를 바르고 좀 지켜보는 것도 한 방법입니다. 하지만 상처의 정도와 넓이를 잘 알 수 없어 병원에 가기로 하셨다면, 거즈를 덮고 상온의 물로 식히는 것으로 충분합니다.

간혹 출처와 근거를 알 수 없는 민간요법에 따라 치약, 된장, 소주 등 각종 물질로 화상 상처를 덮어서 오는 분들이 있습니다. 이런 물질들은 안 그래도 약해진 피부를 자극할 뿐만 아니라 2차 감염을 일으킬 위험이 있으니 절대 쓰지 마세요. 화상에는 물! 치약은 칫솔에게! 된장은 뚝배기에게! 소주는 술잔에게!

잊지 맙시다!

❶ 전열기는 불빛과 소리, 증기로 아이들의 주의를 끌기 좋습니다.

❷ 아이의 화상은 대부분 어른들의 실수로 생깁니다.

❸ 아이 곁에선 뜨거운 음료와 음식을 피해주세요.

❹ 온수 매트는 저온 화상을 입힐 수 있습니다.

❺ 화상을 입은 경우 상온의 물로 상처를 식히고 빨리 병원으로!

2부

아이들과 함께 지키는 교통안전

교통사고로 인해 아이들은 얼마나 다칠까요? 2017년 경찰청 통계를 보면, 우리나라에서는 매년 약 22만 건가량의 교통사고가 일어납니다. 이 때문에 다치는 사람은 35만 명 정도이고, 이 중 1400명 정도(4.3%)가 13세 미만의 어린아이들이지요. 아이들 교통사고는 야외 활동이나 이런저런 행사가 잦은 5월에, 주중보다는 주말에 더 자주 일어납니다. 그리고 집으로 돌아오는 시간인 오후 2시에서 4시 사이에 많이 발생한다고 알려져 있네요.

이런 사고로 하늘나라로 일찍 떠난 아이들은 매년 50~80명 정도입니다. 생각보다는 적어 보이시나요? 하지만 이는 OECD 평균을 한참 웃도는 수치이며, 일본 등의 주요 선진국에 비해서는 2배 가까이 높습니다. 특히 보행 중 사고로 세상을 떠나는 아이들의 수는 OECD 평균의 2.7배에 달하지요. 우리나라에서는 아직 아이들을 위해 어른들이 할 일이 많습니다.

하지만 우리나라의 현실이 마냥 비관적인 것은 아닙니다. 2012년 학교당 연간 27명이던 교통사고 피해 아동의 수가 2016년에는 학교당 20명 정도로 감소하고 있습니다. 특히 전체 교통사고 감소율에 비해 어린이 교통사고가 더 빠르게 감소하는 것을 보면, 아이들을 보호하기 위한 우리들의 노력이 점차 빛을 발하고 있는 것이 아닌가 생각해봅니다. 그리고 이런 노력이 계속 모인다면 저 숫자를 한 자리로 만들 수 있겠지요. 그러니 조금만 더 힘써봅시다!

걸어 다니는데 위험할 게 있나요?

1장

보행자 안전

아동 사망 사고의 가장 큰 원인, 보행자 교통사고

어린이 교통사고의 유형을 살펴보면 차량에 탑승한 채 다치는 경우가 전체의 60% 정도를 차지합니다. 하지만 사망 사고의 64%는 걸어가다가 차에 치인 경우였고, 그중 1/3은 도로 횡단 중에 생긴 사고였지요. 특히 사고로 세상을 떠난 아이들의 90% 이상이 미취학 아동이거나 초등학교 저학년이었습니다. 이런 걸 생각하면, 아이들을 집 밖으로 내보내기가 두려워집니다. 하지만 그렇다고 아이를 집에 가둬 키울 수는 없지요. 그러니 우리가 미리 챙기고 조심할 부분은 없는지 함께 찾아봐야겠습니다.

교통사고로 연결되는 아이들의 행동

앞에서 항상 아이의 시선에서 바라보자고 말씀드렸는데요, 이번에는 반대로 어른의 시선으로 돌아가 보죠. 운전대를 잡고 있을 때, 아이들 덕분에 가슴이 철렁했던 기억이 있으신가요? 많은 분들이 아마 아이들이 도로로 갑자기 뛰어나오는 경우를 꼽지 않을까 합니다. 주차된 차량 사이에서 아이가 갑자기 나타나거나, 골목길이나 인도에서 차량이 다니는 큰길로 갑자기 뛰어나오는 경우들이지요. 주차를 하기 위해 차를 움직이다가 사각지대에서 갑자기 나타나는 아이들을 보면 모골이 송연하다는 것이 어떤 느낌인지 실감하게 됩니다. 차들이 촘촘히 주차되어 있는 공간은 아이들이 숨어서 놀기에 딱 좋은 장소지만 운전자 입장에서도 살피기 어려운 공간이 많아서 사고가 나기 쉽습니다.

앞에서 잠시 이야기했지만 아이들은 아직 위험에 대한 두려움이 없고 어느 한곳에 집중하면 다른 게 보이지도 들리지도 않습니다. 가지고 놀던 공이 차도로 굴러가도 오로지 그 공만 눈에 보이지요. 이런 아이들에게 교통안전을 가르치는 일이 쉽지만은 않습니다. 그러하기에 반드시 부모가 아이와 함께 몸으로 익히도록 해야 합니다.

횡단보도에서는 어떻게 해야 할까요?

아이들이 길에서 다치는 것에 깊은 관심을 기울여온 영국에서는 1940년대부터 '도로 횡단의 원칙'을 만들고 아이들에게 가르치기 시작했습니다. 그리고 1970년대에 들어와서는 '도로 횡단의 6단계 훈련 규칙'이라는 것을 만들어서 알리기 시작했는데요, 여기서 잠깐 소개해 볼까 합니다.

1단계 **Think First**
길 건너기 전에 어떤 길로 건너는 것이 가장 안전한지 생각해보기

2단계 **Stop** 길을 건너기 전 일단 멈추기

3단계 **Use your eyes and ears**
눈과 귀를 열고 위험한 상황은 없는지 살피기

4단계 **Wait till it's safe** 완전히 안전할 때까지 기다리기

5단계 **Look and Listen again** 다시 한 번 보고 듣기

6단계 **Arrive alive** 안전하게 건너기

차도를 건널 때는 가장 가까운 횡단보도를 찾아 신호등의 신호에 따라 길을 건너는 것이 가장 안전합니다. 그런데 정말 우리는 우리 아이들과 '가장 안전한 길'로 건너고 있나요? 나도 모르게 아이의 손을 잡

아 끌며 "차 없으면 건너도 괜찮아."라는 말을 하고 있지는 않나요?

☑ 횡단보도 앞에서는 아이의 손을 잡고 차도에서 한 발 물러서세요.

차가 별로 다니지 않는 길이라도 반드시 일단 도로에서 한 발 뒤로 물러서서 잠시 상황을 살필 시간을 가지십시오. 특히 사거리나 꺾인 길에 설치된 횡단보도에서는 우회전하면서 진입하는 차량이 잘 보이지 않기 때문에 차량이 들어오는 길을 한 번 더 확인해야 합니다.

☑ 길을 건너기 전 '아이와 함께' 좌우를 살핍니다.

아이와 길을 건널 때 대부분의 어른들은 본인의 리듬에 맞춰 길을 건너려고 합니다. 잠깐 살핀 후 괜찮으면 "어서 건너자!" 하고 아이의 손을 이끌지요. 그런데 여러분, 우리 아이들은 이미 유치원과 학교에서 꽤 괜찮은 안전 교육을 받고 있습니다. 우리가 할 일은 그렇게 배운 지식들을 생활 속에서 써먹을 기회를 주는 것이지요. 그러니 길을 건널 때 아이들의 박자로 살피고 건널 수 있는 기회를 주셔야 합니다.

저와 제 딸은 "왼쪽 살피고~! 오른쪽 살피고~! 차가 없네요~."라는 문장을 노래처럼 부르고 길을 건넙니다. 아이의 목소리가 커서 가끔은 살짝 부끄럽기도 하지만, 이 말을 하는 동안 서두르지 않고 주변을 살필 시간을 가질 수 있어서 '정지하고 위험을 살피는' 습관을 길러주는 데 도움이 됩니다. (좌우에 차가 나타나면 차가 없어질 때까지 저 노래

왼쪽 살피고!
오른쪽 살피고!
차가 없네요

를 몇 번이나 불러야 해서 조금 부끄러워지는 단점이 있긴 합니다.)

☑ 길을 건너기 전에도 귀와 눈을 열어둡시다.

거창하게 생각하실 것 없습니다. 일단 휴대전화는 주머니에 넣고, 시선은 차가 진입하는 양쪽을 살피면서 혹시 급작스러운 엔진 소리가 들리지 않는지 주의하시면 됩니다. 이건 아이들뿐만 아니라 어른들의 안전을 위해서도 꼭 지키셨으면 하네요.

☑ 아이의 손을 잡고 횡단보도 우측으로, 아이의 손을 높게!

횡단보도의 오른쪽으로 붙어서 길을 건너면 정지선에서 멈추는 차량과 약간 거리를 두고 건널 수 있습니다. 혹시 미처 정지하지 못하는 차량이 있을 경우 잠깐이나마 대비할 시간을 벌 수 있지요. 아이가 혼자 뛰어나가지 않도록 한 손은 단단히 잡으시고 다른 한 손은 높이 들어 키가 작은 아이를 운전자가 잘 볼 수 있도록 해주세요.

☑ 함께 지키는 안전 습관의 의미를 평소에 꼭 알려주세요.

우리 아이들은 아주 똑똑합니다. 부모가 어떤 행동을 하고 어떤 생각을 가지고 있는지 꽤 정확하게 알고 있지요. 평소 길을 건널 때 꼭 건널목으로 건너는 이유, 항상 손을 잡고 함께 서서 노래를 부르며 좌우를 살피는 이유, 손을 들고 차와 운전자를 쳐다보면서 건너는 이유에 대해 찬찬히 설명을 해주세요. 아마 설명을 하면 "유치원에서 배웠어요!"라며 되레 신이 나서 어른들에게 알려주려 할지도 모릅니다.

도로변과 주차장에서 지켜야 할 것들

일본의 통계를 보면, 주차된 차량 사이로 도로를 건너는 경우 사고 위험이 15배 이상 증가한다고 합니다. 부득이하게 아이와 차량 사이에서 길을 건널 경우, 도로에 나서기 전에는 반드시 멈춰 서서 좌우를 살펴야 한다는 것, 이번은 어쩔 수 없지만 혼자서는 결코 이렇게 건너서는 안 된다는 점을 말해주세요. 또한 길을 걸을 때에도 차로와 가까운 쪽으로 어른들이 서 주세요. 특히 좋아하는 장난감이나 공을 들고 있다가 떨어뜨려 차로 쪽으로 굴러가는 경우 아이들이 갑자기 찻길로 뛰어들 수도 있으니 주의해야 합니다.

달리는 차뿐만 아니라 서 있는 자동차도 위험합니다. 주차장은 아이들에게 동화 속 정글만큼이나 재미있기도 하지만 실제 정글만큼 위험하기도 합니다. 아니 1톤이 넘는 쇳덩이들이 언제 깨어날지 모르는 채 가득 들어차 있다는 점에서 보면 정글보다 더 위험할지도 모르지요. 후진을 할 때 운전자의 시야는 많이 제한됩니다. 후방 카메라와 센서가 있더라도 미처 살필 수 없는 공간이 많지요. 정면을 바라보고 있을 때에도 주차장의 빈 곳을 찾아 이리저리 눈을 움직이기 때문에 정작 근처에서 나타나는 아이들을 살피지 못하는 경우도 다반사입니다.

주차장에서는 절대로 아이 혼자 돌아다니지 않도록 해야 합니다. 반드시 부모의 손을 잡고 이동하고 아이를 차에 먼저 태운 후 어른이 차에 타야 합니다. 특히 어른이 차에서 짐을 내리는 등 잠시 지체하는 동안 아이 혼자 주차장을 가로질러 엘리베이터를 타러 가지 않도록 꼭 주의해주세요.

아이의 행동은 어른의 모습을 비추는 거울입니다

아이를 혼내다 보면 가끔 말문이 막힐 때가 있습니다. 아이의 말과 행동에서 제 모습을 보는 경우가 적지 않으니까요. 다른 것도 마찬가지지만 교통안전을 지키는 아이들의 모습은 우리의 모습을 그대로 따라갑니다. 내가 횡단보도를 급하게 건너는 습관이 있다면 아이들은 좌우를 살피지 않고 횡단보도로 달려 나갑니다. 횡단보도 아닌 곳에서 아이와 몇 번 길을 건너면, 나중에 아이는 별 고민 없이 차도로 뛰어 나가죠. 어른이 횡단보도 신호를 기다리며 휴대전화를 들여다보고 있으면 아이도 스마트폰+좀비인 '스몸비'가 될 확률이 높아집니다.

아이들을 가르치는 가장 좋은 방법이 '함께 지키는 것'이라면, 아이들을 위험하게 만드는 가장 나쁜 교육은 '함께 지키지 않는 것'이 되겠지요. 대단한 교재와 지식이 필요한 것이 아닙니다. 상식적인 것을 함께 지키면서 계속 그 의미를 이야기해주면 됩니다. 단, 지키는 것을 익히는 데는 꽤 많은 시간이 걸리지만 이걸 망치는 데는 몇 번이면 충분하다는 것만 잊지 말아주세요.

잊지 맙시다!

❶ 가장 안전한 길을 찾고, 멈춰 생각하고, 조심스럽게 건너세요.

❷ 아이의 손을 꼭 잡고, 손을 높게 들고, 좌우를 살피며 횡단보도로 건너세요.

❸ 아이의 리듬에 맞춰 안전한 순간을 기다립시다.

❹ 주차장과 차로는 정글! 절대 아이 혼자 두지 마세요.

❺ 휴대전화에 잠시 한눈 파는 사이 내 아이가 다칠 수 있습니다. 휴대전화는 주머니에!

❻ 아이는 내 행동의 거울입니다. 아이가 길을 함부로 건넌다면, 내가 그렇게 행동한 것입니다.

우리 아이 안전하게 내 차에 태우기

2장

자가용 안전

아이가 있는 집에서 자동차란, 아이를 포함한 가족들이 편리하게 목적지로 이동하도록 해주는 고마운 도구입니다. 등·하원을 하거나 병원을 갈 때, 친척집을 방문하거나 즐거운 나들이를 갈 때 자동차는 정말 유용합니다.

하지만 자가용이 있다고 해서 아이와의 외출이 쉬운 것은 아닙니다. 당장 집에서 준비하는 것부터 전쟁이죠. 아이들 씻기고 입히고 짐 챙겨 차까지 가는 데에 이미 체력의 절반쯤은 달아나 버립니다. 가방을 몇 개씩 들고 차까지 가려면 아이는 이미 혼자서 한참 앞에 뛰어가죠. 차에 앉히고 벨트를 매주려고 하면 귀찮다고 말도 잘 듣지 않습니다.

운전하는 동안에는 또 어떻습니까? 자리를 여기저기 옮기려 하질 않나, 배고프다 심심하다 어른들의 정신을 빼놓기가 일쑤입니다. 그러다 보면 안전이고 뭐고 목적지에 빨리 도착하는 것만 신경 쓰게 될 때도 있습니다. 당연합니다. 하지만 그 '혼돈' 속에서도 정신을 차리고 몇 가지만 원칙만 지킨다면, 안전하고 즐거운 자가용 외출이 가능하게 될 것입니다.

우리 아이 자리는 어디가 좋을까요?

자동차에서 어떤 자리가 가장 안전한가에 대해서는 의견이 분분합니다. 하지만 적어도 한 가지는 명확하죠. 전 제 아이를 절대 조수석에 태우지 않습니다. 미국 교통안전국 자료를 보면 운전석 안전계수를 100으로 보았을 때, 가운데 뒷좌석 62, 운전자 뒷좌석 73.4, 조수석 뒷좌석 74.2, 조수석 101 순으로 안전하다고 합니다. (숫자가 적을수록 안전합니다.) 물론 이 수치는 안전벨트 등의 적절한 안전 장비를 장착하고 있다는 것을 전제로 합니다. 안전 장비를 착용하지 않으면 이런 숫자 자체가 의미가 없겠지요.

앞의 수치로만 봤을 때는 뒷좌석 가운데가 가장 안전해 보입니다. 하지만 대부분의 차량에서 가운데 뒷좌석은 안전벨트를 착용하기가 가장 불편합니다. 특히 차량의 크기가 작을 경우 좌석 자체가 매우 좁

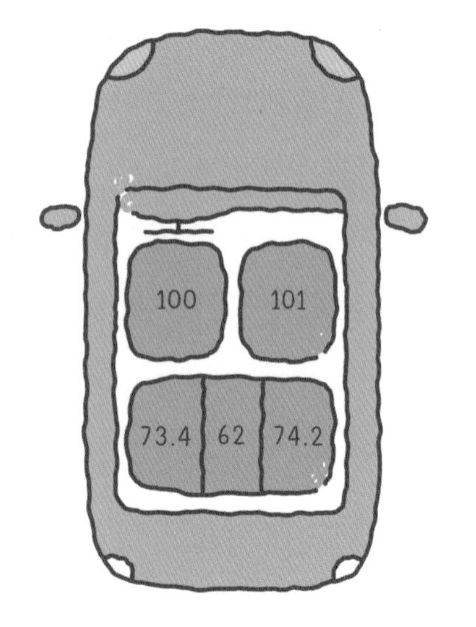

지요. 더구나 그 자리에 앉은 아이들은 벨트를 풀고 운전석과 조수석 사이에 얼굴을 내밀고 어른들과 이야기하는 것을 좋아합니다. 그러니 아이들의 자리로 뒷좌석 가운데를 선택했다면 반드시 카시트에 잘 앉히거나 벨트를 착용하게 하고 운전 도중에는 불편해도 참고 앉아 있도록 격려해주어야 합니다.

조수석은 운전석보다 위험한 유일한 좌석입니다. 특히 앞좌석의 에어백은 성인 기준으로 설계되어 있어, 작동했을 때 아이의 얼굴이나 머리를 손상시킬 위험이 높습니다. 혹시 부득이한 상황으로 아이를 조수석에 앉혀야 할 경우에는 앞좌석의 에어백을 꺼두셔야 합니다. 뒤보기로 카시트를 조수석에 설치할 경우에는 특히 그렇습니다. 하지만 아이들은 앞좌석에 무척이나 앉아보고 싶은 모양입니다. 요즘 차에 탈 때마다 앞에 앉겠다는 아이를 설득하는 것이 일이네요.

반드시 지켜야 하는 자가용 안전 수칙

☑ 가장 먼저 태우고 가장 늦게 내리고, 절대 혼자 두지 않습니다.

아이가 차 주변을 혼자 돌아다니는 것은 매우 위험합니다. 호기심이 많고, 작고, 행동이 빠르기 때문에 순식간에 어른의 시야에서 사라졌다가 나타나곤 합니다. 그러니 차 문이나 트렁크 문을 여닫을 때 분명 아이를 못 본 것 같은데, 어느 순간 아이가 나타나 손을 다치거나 얼굴을 찧는 경우가 생기고 맙니다. 이런 사고는 생각보다 꽤 자주 일어납니다.

그렇다면 이를 예방하는 방법은 없을까요? 아이가 생기면, 자가용의 가장 큰 기능은 '의전(?)'이 아닌가 합니다. 그렇다면 실제로 모시는 것도 VIP 모시듯 하면 어떨까요? 차에 태울 때는 아이를 가장 먼저 타게 하고 아이가 편하고 안전하게 자리를 잡은 후 운전자가 자리에 앉아 시동을 걸고, 내릴 때에도 운전자가 주차를 완료하고 시동을 끈 후 가장 마지막에 아이들이 내리게 하는 것이죠. 가장 먼저 태우고, 가장 늦게 내리고. 생각해보면 그리 어렵지 않습니다.

그리고 또 한 가지, 절대 아이를 혼자 차 안에 두는 일은 없어야 합니다. 날씨가 덥거나 춥거나, 시동이 걸려 있거나 꺼져 있거나 상관없습니다. 저도 어린 시절 아버지께서 잠시 가게에 가신 동안 혼자 차 안에 남아 있다가 주차 브레이크를 풀어서 크게 혼난 적이 있습니다. 차가 슬슬 움직여서 다른 분들이 다칠 뻔했거든요. 어른이 없는 차 안은 아이들에게는 '모험과 신비가 가득한 나라'입니다. 만지고 눌러볼 게 얼마나 많은데요. 어른들이 멋지게 조작하던 장치들을 만져볼 수 있는 기회를 놓칠 아이들이 얼마나 될까요? 또한 여름철 더운 날씨에 차 안의 기온은 5분도 안 되어 50도 이상으로 올라가 아이들을 위험하게 만들 수 있습니다. 잠깐이라고 절대 방심하시면 안 됩니다.

☑ 아이도 '한 사람' 몫의 사람입니다.

얼마 전, 한 가족이 교통사고로 응급실에 방문하였습니다. 일가족이 타고 가던 차량을 다른 차가 와서 부딪친 사고였지요. 다행히 크게 다친 분은 없었지만, 한 살이 채 되지 않은 아이를 안고 뒷자리에 타고 있던 어머니는 아이 머리가 다친 것 같다며 걱정을 많이 하셨습니다. 진료를 한참 하고 있는데 아이의 어머니가 물어보시더군요.

"이렇게 어린애를 카시트에 혼자 앉히면 더 다치지 않을까요?"

그분에게 검사 결과에 대한 설명보다 카시트의 중요성과 안고 탈 때의 위험성을 말씀드리느라 진료 시간이 더 길어졌습니다. 조금 과격하게, 아이를 안고 차를 타는 동안 사고가 나면 아이는 어른의 에어백 역할을 하게 된다고 말씀드렸지요.

여러 명이 한 차에 타는 경우 아이는 어른이 안거나 무릎에 앉힌 채로 타는 경우가 있습니다. 아이의 자리는 '덤'으로 생각하는 거죠. 이

제부터는 아이들의 자리도 당당히 '한 사람'의 자리로 여기는 것은 어떨까요? 아이가 작다고 해서 안전의 필요성까지 작은 것은 아니지 않습니까? 우리 아이는 적어도 차 안에서는 한 사람 몫의 자리에서 충분히 보호받을 수 있도록 배려해야 합니다.

☑ 어린이 보호 잠금장치를 활용합시다.

대부분의 차는 운행 중에 문이 자동으로 잠기는 기능이 있습니다. 그래서 차가 움직이는 동안 문이 열릴 위험은 낮지요. 하지만 정차 중이거나 주차를 하려고 할 때, 아이들이 실수로 차 문을 여는 경우가 생길 수 있습니다. 이를 막기 위해 차량의 문에는 어린이 보호 잠금장치(차일드 락, child lock)가 있는데요. 이 장치를 사용하면 차량 내부에서는 문을 열 수 없습니다. 그러니 아이가 주로 타고 내리는 쪽에는 이 장치를 작동시켜서 실수로라도 문이 열리지 않도록 합시다. 아, 물론 가끔 성인이 탔다가 내릴 때 문이 열리지 않아서 당황할 수 있다는 건 감안하셔야 합니다.

문을 잠그는 기능과 유사하게 창문의 동작을 막는 버튼도 있습니다. 대부분은 운전석 창문을 조작하는 부위에 함께 있는데요, 이 장치를 활용하면 창문의 조작을 운전석에서만 할 수 있습니다. 운전 중에 우연히 본 사이드 미러에서 창밖으로 우리 아이의 손이 불쑥 나와 있는 것(!)을 본 적이 있는 분이라면 꼭 이 장치를 사용하시기 바랍니다.

꼭 기억하세요. 아이들이 무언가 만지지 않도록 '교육'하는 것은 불가능합니다. 작동 장치를 제거하거나 아니면 눌러도 작동하지 않게 만드는 것이 최선입니다!

☑ 차 안에 두는 물건은 꼭 필요한 것들만

아이를 차에 모시고(?) 다니다 보면, 차량 소유주의 의도와는 전혀 상관없는 물건들이 차 안에 자리를 잡게 됩니다. 물통과 과자 봉지는 물론이고, 각종 쿠션이나 담요, 아이를 달래기 위한 휴대용 영상 장치와 거치대 같은 것들이지요.

물론 다 필요한 것이기는 하지만 안전을 생각하면 마냥 좋은 것만은 아닙니다. 차량이 충격을 받을 경우 이런 물건들은 차 안을 날아다니는 둔기로 바뀔 위험이 있으니까요. 특히 아이가 앉아 있는 자리 앞에 설치한 테이블이나 거치대 같은 것은 사고 시 아이의 얼굴이나 목에 충격을 줄 수 있으니 가급적 사용하지 않는 것이 좋습니다.

☑ 선루프는 전망대가 아닙니다!

가끔 제가 사는 동네에서 자동차의 선루프를 열고 아이가 서 있는 광경을 목격할 때가 있습니다. 아마 차의 속도가 빠르지 않고, 복잡한 도로가 아니어서 아이들이 기분을 내도록 한 것이겠지요. 하지만 차가 달릴 때는 속도가 아무리 느리더라도 100% 안전을 보장할 수 없습니다. 우리나라의 도로 사정은 무척 좋은 편이지만, 주행 중에 급하게 정차하거나 다른 물건이 날아올 가능성은 여전히 있습니다. 낮게 설치된 현수막이나 광고판도 문제가 될 수 있고요. 2008년 보험개발원과 소비자보호원이 공동으로 시행한 실험을 보면, 선루프에 몸을 내민 상태에서 발생한 사고의 경우 탑승자의 머리와 목, 가슴 등에 치명적인 외상을 입을 수 있다고 합니다.

선루프 밖으로 몸을 내미는 즐거움과 아이의 안전을 맞바꿀 수는 없습니다. 바깥 구경은 반드시 좌석에 앉아서 하도록 하고, 정 선루프가 궁금하다면 안전한 공간에서 주차를 한 후 즐기도록 해주세요.

참, 선루프로 몸을 내밀면 안전벨트 미착용으로 도로교통법에 의해 범칙금 처분을 받는 경우에 해당하기도 합니다.

잊지 맙시다!

1. 아이를 위한 내 차의 안전장치를 미리 알아둡시다.
2. 안전벨트와 카시트는 선택이 아닌 필수입니다.
3. 내 아이는 VIP, 가장 먼저 태우고 가장 늦게 내리도록 해주세요.
4. 어떤 상황에서도 아이를 차에 혼자 두지 않습니다.
5. 아이는 뒷자리에, 한 사람 몫의 공간에 앉게 해주세요.
6. 차 안의 여러 장식은 사고 시 흉기가 될 수 있습니다.
7. 선루프는 앉아서 감상하는 용도로만 써주세요.

내 아이의 안전을 지키는 최선의 선택

3장

카시트

아이들'만' 다치는 교통사고

응급실에서, 한 가족이 타고 있던 차량 사고에 아이만 크게 다쳐서 오는 경우를 가끔 보게 됩니다. 앞자리에 앉았던 어른들은 안전벨트와 에어백으로 보호를 받았지만 아이는 차 안 여기저기에 부딪혀 크게 다치는 것이지요. 그럴 때, 망연자실하게 서 있는 부모님께 아이의 상태를 어떻게 설명해야 할지 아직도 잘 모르겠습니다. 우리 아이들, 기운이 넘치다 못해 감당하기 힘들기도 하지만, 아직은 약하고 다치기 쉽습니다.

한국소비자원 자료를 보면 2017년 기준으로 우리나라의 카시트 사용률은 일반도로에서 49%, 고속도로에서는 60.4% 정도라고 합니다. 2014년 OECD 교통통계포럼에서 독일 96%, 영국 96% 그리고 프랑스 91%라고 발표한 것과 비교하면 크게 낮다는 것을 알 수 있지요. 놀라운 사실은, 한국은 만 6세 미만의 아이들만 조사한 반면, 독일과 영국은 만 12세 미만, 프랑스는 만 10세 미만을 대상으로 조사한 자료라는 점입니다. 아마 우리나라도 그 정도 나이까지 포함해서 조사했다면 카시트 사용률은 훨씬 더 낮을 것으로 보입니다.

카시트를 왜 해야 할까요?

안전벨트와 에어백이 잘 설치되어 있는데 굳이 카시트를, 그것도 번거롭게 나이에 따라 바꿔가면서 써야 하는 이유는 무엇일까요? 아이와 어른의 체격 차이를 보면 그 답을 쉽게 알 수 있습니다. 아이들은 몸이 가벼워서 작은 충격에도 몸 전체가 차 안에서 움직여 여기저기 부딪치기 쉽습니다. 또 몸집에 비해 상대적으로 머리가 크지요. 하지만 그 머리를 지지하고 있는 목의 근육은 아직 약하기 때문에 사고 시 근육이 충격을 흡수하지 못해 머리와 목이 다칠 위험이 높습니다. 실제로 '응급실 손상환자 심층조사 결과'를 살펴보면, 6세 미만 아이들의 사고에서 머리를 다치는 경우가 60.6%로 가장 많다고 하네요. 또한 차의 안전벨트가 성인의 체격에 맞게 만들어져 있다 보니 사고가 나면 아이를 단단히 붙잡지 못하거나 오히려 목을 세게 누를 수도 있습니다. 그래서 어린아이의 몸에 맞게 설계된 여분의 장치 즉, 카시트를 사용해야 합니다.

물론 카시트를 사용한다고 해서 전혀 안 다치는 것은 아닙니다. 하지만 앞서 소개해 드린 심층조사 자료를 보면, 위독할 정도로 다친 아이들 중에서 카시트에 앉지 않았던 아이들의 비율이 카시트에 앉았던 아이들에 비해 두 배 더 높게 나타났습니다. 또한 교통안전공단이 시행한 실험에서도 카시트를 사용한 경우에 사고 시 머리를 심하게 다칠 가능성은 5% 정도였지만, 사용하지 않은 경우에는 90% 이상으로 나타났지요. 즉, 모든 외상을 다 막을 수는 없더라도 크고 심각한 외상의 가능성을 많이 줄일 수 있습니다.

왜 카시트를 사용하지 않나요?

☑ 아이가 싫어해요. 자식 이기는 부모가 있나요.

아이를 처음 카시트에 앉히면 열이면 열 모두 울고 싫어합니다. 엄마 아빠의 품을 떠나서 낯선 곳에 앉아 있는 것 자체가 당연히 싫겠지요. 더구나 이상한 끈으로 꽁꽁 묶어서 잘 움직이지 못하게 하니 더 싫을 겁니다. 창밖이라도 보이면 조금은 나을 텐데 1세 미만의 아이들은 '뒤보기'를 해야 하니 심심해서 더 우는지도 모르겠습니다. 그렇다고 좀 크면 나아지는가 하면 그것도 아니죠. 조금 자라면 한시도 가만히 있으려 하지 않으니까요. 게다가 제 딸의 또래 친구들은 카시트를 '아기들이 쓰는 것'이라서 '다 큰' 자신들은 안 써도 된다고 주장(!)하더군요.

그러나 다른 것은 몰라도 아이의 안전 습관을 만드는 일은 타협의 대상이 아닙니다. 그리고 우리 스스로에게 한 번 물어봅시다. 과연 정말 '아이가' 힘들어해서 카시트를 '못 쓰고' 있나요? 혹시 아이가 아직 적응을 못해 보채고 우는 것을 보는 '내가' 힘들고 귀찮아서 '안 쓰고' 있는 것은 아닐까요?

차 안에서 카시트를 사용하기 전에, 집 안에서 먼저 시작해봅시다. 집에서 의자나 침대처럼 사용하면서 그 자리에 익숙해지는 시간을 주는 거죠. 카시트에 앉았을 때 가벼운 간식을 주거나 좋아하는 인형을 안겨줘서 카시트를 즐거운 장소로 느끼도록 해주세요. 카시트에 앉기만 하면 간식을 달라고 하는 부작용이 생길 수 있습니다만 그렇게 하더라도 카시트에 앉는 것에 일단 흥미를 느끼도록 하는 것이 중요합니다.

또 아이와 차량으로 이동을 할 때는 아이 없이 운전할 때보다 준비 시간을 충분히 더 가져야 합니다. 카시트에 아이를 제대로 앉히고 고정하는 것은 처음에는 꽤 시간이 걸리거든요. 아이가 보채는데 시간까지 촉박하면 벨트는 더 안 채워지고 등에 진땀이 납니다. 아이가 제법

켰다면 때로는 단호하게 설명해야 합니다. 본인이 카시트에 앉지 않으면 차는 떠나지 않는다는 것을 경험하게 하는 것도 한 방법이고요. 그렇게 하루 이틀 경험을 쌓다 보면, 자기가 벨트를 다 매기 전에 차가 움직이면 화를 내는 아이의 모습을 보게 될 겁니다.

☑ 너무 비싸요. 살 게 한두 개가 아니네요.

네, 맞습니다. 거기에 가격도 천차만별이지요. 10만 원대부터 100만 원이 넘어가는 것들도 있습니다. 싼 것을 살 수도 있지만, 부모 마음이라는 게 '비싼 것이 더 안전한가?' 싶어 고민하지 않을 수 없더군요. 더구나 아이가 자라면 체격에 맞춰서 교체를 해줘야 한다고 하지, 동생이 생기면 또 사야 하지, 그러니 카시트를 준비하는 비용이 만만치 않게 느껴지는 것은 당연합니다.

2015년 모 시민단체에서 국내에 판매되고 있는 카시트의 성능을 실험한 적이 있었습니다. 그 결과를 보면 회사별로 약간씩 차이가 있지만, 가격에 상관없이 어린이 안전장치로서의 기준은 모두 충족했습니다. 가격은 몇 배 차이가 나지만 성능은 그렇지 않다는 거죠. 그러니 꼭 비싼 것보다는, 예산 안에서 편하게 사용할 수 있는 제품을 구입하시면 됩니다.

물론 아무리 경제적인 제품을 골랐다 하더라도 이 역시 부담이 되는 가정이 있을 것입니다. 이런 분들을 위해 한국교통안전공단과 한국

어린이안전재단, 그리고 몇몇 지자체에서 카시트를 지원하는 사업을 벌이고 있지만 수가 충분하지는 못하죠. 정부가 카시트 사용을 그토록 중요하게 생각한다면 개인에게 책임을 모두 넘기고 단속만 할 것이 아니라 정부와 사회도 이를 지원하는 방법을 강구해야 한다고 생각합니다.

경제적으로 부담이 좀 되다 보니 카시트를 물려 쓰는 경우도 많습니다. 저도 첫 카시트는 지인에게 물려받았지요. 나쁘지 않은 방법이라고 생각합니다. 하지만 이 경우에는 몇 가지 주의할 점이 있습니다. 첫째, 해당 제품의 설명서가 있는지 꼭 확인하십시오. 제품별로 장착하는 방법이 조금씩 차이가 있고, 끈이나 벨트를 조절하는 방법을 미리 익혀야 하기 때문에 설명서를 구해두는 것이 좋습니다. 둘째, 카시트의 사용 연한이 지나지 않았는지 챙겨보세요. 대부분의 카시트는 스티로폼이나 플라스틱으로 만들어져 있고, 햇볕에 노출되는 일이 많아서 어느 정도 시간이 지나면 강도가 약해질 수 있습니다. 회사마다 좀 차이는 있지만 대략 5~6년 이상 사용하지 않도록 권하고 있지요. 마지막으로 '사고 이력'이 없는 카시트인지 꼭 물어보세요. 사고로 충격을 받은 적이 있는 카시트라면 겉으로는 멀쩡해 보여도 보호 능력이 떨어져 있을 가능성이 있습니다. 그런 경우 친구의 호의는 마음만 받아두시고, 가능한 한 사용하지 않아야 합니다.

카시트가 경제적으로 부담이 될 수 있습니다. 하지만 우리는 2~3년에 한 번씩 휴대전화를 바꾸면서 사실 그렇게 크게 고민하지는 않습니다. 생활의 필수품이니까요. 카시트도 그렇습니다. 내 아이의 안전을 지켜주는 게 필수품이 아니면 무엇이겠습니까?

☑ 꼭 사용해야 하나요? 몰랐어요!

네, 꼭 사용해야 합니다. 도로교통법 50조를 보면, 만 6세 미만의 아이들은 반드시 아동용 안전장치를 사용하도록 하고 있습니다. 이걸 어길 경우 6만원의 벌금이 부과되지요. 카시트 구입하는 데 도움은 주지 않으면서 강제로 쓰라고만 하는 정부가 마음에 안 들 수 있습니다. 하지만 외국의 경우 이런 법은 더욱 까다롭습니다. 일본과 미국은 만 8세, 영국은 만 12세까지 카시트를 의무적으로 사용하도록 되어 있고, 벌금도 몇 배 더 많습니다. 우리나라도 당장은 사용 의무 연령과 벌금을 선진국 수준으로 올리지는 못하더라도 어린이 안전 장비 착용에 대해서 지속적으로 알리고 교육하는 것은 필요합니다. 최근 전 좌석 안전벨트 착용이 의무화되면서 카시트 장착과 사용에 대한 이야기도 계속 나올 것으로 보이니 우리도 계속 관심을 가지고 지켜봅시다.

☑ 아이가 너무 어려서요.

제가 인터넷 맘카페에서 들은 이야기 중에 가장 놀랐던 것이 바로 이거였습니다. 산부인과나 산후조리원에서 집으로 이동할 때, 아직 목도 못 가누는 핏덩이를 어떻게 카시트에 태우느냐며 소중하게 안고 알아서 잘 이동하겠다고 하더군요. 하지만 바로 그 이유, 아이가 소중하기 때문에 카시트에 태워야 합니다. 어리면 어릴수록 자기 방어를 할 수 없고, 충격 시 자신을 안은 보호자에 의해 더 큰 손상을 입을 수 있습니다. 미국 일부 주에서는 차량에 카시트가 없으면 산부인과에서 퇴원을 시켜주지 않는 경우도 있습니다.

잊지 맙시다!

1. 아이들은 상대적으로 머리가 크고 목 근육이 약해 교통사고가 났을 때 다치기 쉽습니다.
2. 카시트에 앉았다고 안 다치는 건 아닙니다. 하지만 확실히 덜 다칩니다.
3. 6세 미만의 소아는 반드시 카시트에! 법으로 정해진 의무사항입니다.
4. 카시트를 사용하기 위해서는 아이도 어른도 적응할 시간과 연습이 필요합니다.

올바른 카시트 사용법 1: 나이와 체중에 맞는 제품 고르기

카시트의 종류 참 다양하죠? 첫 카시트를 마련할 때 저도 고민이 많았습니다. 가격? 디자인? 명성? 안전도? 하지만 가장 중요한 것은 아이에게 '잘 맞는' 카시트를 구하는 것입니다. 사실 각각의 카시트에 맞는 나이와 체중은 제품마다 차이가 좀 있습니다. 어떤 나라에서는 나이에 따라 카시트를 5단계 정도로 세분화해서 판매하기도 하지요. 하지만 우리나라는 영아 시절부터 아이가 한참 자란 후까지도 쓸 수 있는 올인원 시트(all-in-one seat)나 컨버터블 시트(convertible seat)를 선호하는 편입니다. 이런 시트는 카시트를 조작해서 길이를 늘이거나 부속품을 더하거나 빼는 방법으로 아이의 체형에 맞게 조절을 할 수 있어서 한 번 사면 꽤 오래 쓸 수 있습니다. 하지만 좋은 점이 있으면 주의해야 할 점도 있는 법! 이런 시트를 사용할 때는 꼭 챙겨야 하는 것이 있습니다.

일단 아이의 나이와 체중을 함께 고려해서 시트를 고르고 또 부지런히 조절해야 합니다. 나이에 비해 훨씬 빨리 자라는 아이들도 있거든요. 애들 자라는 거 생각 안 하고 카시트를 그냥 두면, 아이의 몸이 카시트 밖으로 빠져나가거나 끈이 너무 조이는 경우가 생깁니다. 아이의 성장에 따라 꼭 정기적으로 끈과 등받이 및 목 보호대를 조절해야 합니다.

그리고 카시트 하나를 너무 오래 쓰려고 하면 안 됩니다. 카시트는 필수품이지만 소모품이라고 말씀드렸죠? 회사마다 차이가 있겠지만 대략 5~6년 정도면 천으로 된 부분은 해지고, 플라스틱이나 스티로폼으로 된 부분은 약해질 수 있습니다. 아이가 영유아 때부터 카시트를

연령별 카시트 사용법 4단계

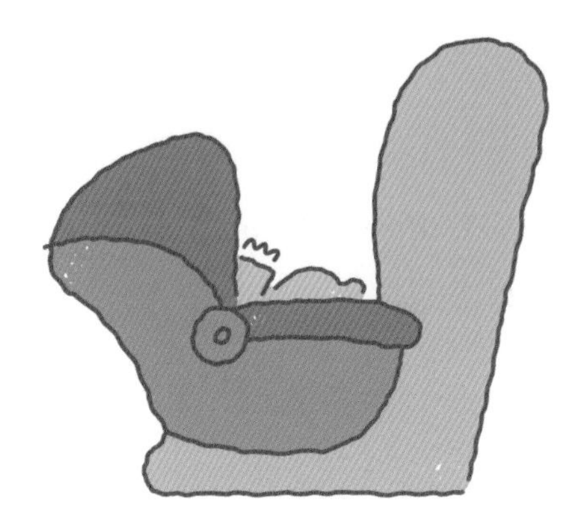

❶ 0세에서 2세, 10kg까지

❷ 3세에서 5~6세, 20kg까지

❸ 7세에서 11~12세

❹ 13세 이상, 키 145cm 이상

셨다면 대략 5~6세 정도가 되면 좀 더 큰 '주니어 카시트'로 교체하는 것이 좋습니다.

법적으로는 만 7세 이상의 아이들은 성인용 3점식 안전벨트를 사용할 수도 있습니다. 하지만 아직 아이의 키가 145cm 미만일 경우 안전벨트가 오히려 아이의 목을 누를 수 있습니다. 따라서 아이의 앉은키를 높여주는 '부스터 시트'를 사용하여, 벨트가 아이의 어깨와 골반을 정확히 잡아줄 수 있도록 하는 것이 좋습니다.

올바른 카시트 사용법 2: 제대로 설치하기

질문! 카시트의 제품 설명서를 읽어보셨나요? 그리고 그 설명서는 지금 어디 있나요? 저도 새 가전제품을 사면 설명서를 읽기 전에 일단 동작부터 시키는 평범한 사람(?)입니다만, 안전에 관련된 제품만은 그러지 않습니다. 카시트도 워낙 다양하고 그걸 설치하는 자동차는 더 다양하다 보니, 설치하는 방법과 아이에 맞게 조절하는 방법도 천차만별입니다. 또 아이들이 자라면 시트를 조절해줘야 하는데 방법이 기억이 잘 안 나기도 하고, 카시트의 커버를 벗겨 세탁한 후 다시 씌우려고 하면 방법이 헛갈리는 경우도 있습니다. 그러니 설명서를 잘 보관해두어야 합니다. 이런 문제를 잘 알고 있는 일부 제조사는 설명서를 아예 제품에 붙여두거나 따로 주머니를 만들어 넣어둘 수 있게 하기도 합니다. 저는 설명서를 아예 카시트 아래에 붙여놨습니다.

☑ 카시트는 뒷좌석에 설치합니다.

카시트를 설치할 때 하는 첫 번째 고민은 위치가 아닐까 합니다. 앞에서 말씀드렸지만 일단 조수석은 아닙니다. 전체 좌석 중 다칠 위험이 가장 높은 데다가 사람을 보호하자고 터지는 에어백이 아이에게 더 위험하니까요. 뒷좌석 가운데가 가장 안전하다고는 하지만 좁거나 불룩 올라와 있어서 카시트를 설치하기 불편합니다. 차량이 작으면 더하죠. 남은 두 곳 조수석 뒷자리나 운전석 뒷자리 모두 안전도는 큰 차이 없으니 아이를 데리고 다니는 방식에 따라 결정하면 될 것 같습니다. 운전자가 아이를 태우고 내려야 하는 일이 많을 경우 조수석 뒷자리가 편합니다. 아이를 태우고 내릴 때, 인도 쪽에서 안전하게 접근할 수 있고, 운전 중에는 후사경(rear-view mirror, 속칭 '룸 미러')으로 우리 예쁜 아이가 잘 있는지 종종 살필 수 있으니까요. 반면 아이와 함께 뒷자리에 어른이 타는 경우가 많을 때는 운전석 뒷좌석에 설치하는 것이 편할 수 있습니다. 카시트가 조수석 뒷자리에 있으면 동승자가 차도 쪽에서 타야 해서, 위험하기도 하고 불편할 수도 있지요. (특히 어르신들이 자주 타신다면 그렇죠.)

☑ 뒤보기는 가급적 오래 하는 것이 좋습니다.

자, 설치할 장소를 선택했다면 이제는 앞보기로 설치할 것인지, 뒤보기로 설치할 것인지를 선택해야 합니다. 우리나라의 경우 아직은 만 1세 미만, 10kg 이하의 아이를 태울 때는 뒤보기를 하도록 권하고 있습니다. 하지만 미국 소아과 학회에서는 몇 년 전, '아이가 두 살이 될 때까지' 혹은 '카시트에 앉힐 수 있는 한도 내에서 계속' 뒤보기를 하라고 권고안을 바꿨습니다. 한 살 이후에 앞보기로 바꾸었더니 사고 시 다치는 경우가 여전히 많이 보고돼서 그렇다고 하네요. 많은 국가에서 뒤보기 설치 시기를 미국처럼 2세 미만으로 늘리고 있으니, 우리도 그렇게 해보는 것이 어떨까요? 저도 이거 좀 일찍 알았으면 좀 더 오래 뒤보기로 앉혔을 텐데, 아이 체중이 빨리 늘었다고 앞보기로 후다닥 바꿨거든요.

설치할 좌석과 방식을 결정했다면 그다음은 설명서에 따라 차에 제대로 설치만 하면 됩니다. 카시트를 차에 고정하는 방식은 isofix 혹은 LATCH라고 부르는 별도의 고정 장치를 이용하는 방식과 원래 차에 있는 안전벨트를 이용하는 방식으로 나뉩니다. 2010년 이후에 생산된 대부분의 국내 차량에는 isofix가 설치되어 있고 이 전용 장치가 카시트를 아주 단단히 고정해주지요. 반면 차의 안전벨트로만 카시트를 고정하는 경우에는 한 번 더 신경을 써야 합니다. 설치를 마친 후 카시트를 잡고 당겨서 차의 안전벨트가 카시트를 단단히 잡아주는지 확인하면 됩니다. 만약 카시트가 내 힘 정도로 쉽게 당겨진다면, 연결 부분을 단단히 당겨서 다시 고정해주세요.

올바른 카시트 사용법 3: 카시트에 아이 바로 앉히기

괜찮은 카시트를 샀고, 설명서대로 설치도 잘 마쳤다면 이제는 아이를 자리에 앉히기만 하면 됩니다. 그리고 벨트를 잘 채워주는 거죠. "우와, 쉽다!"

하지만 잠깐! 아이를 카시트에 앉히고 한참 운전을 하다가 신호등에서 잠시 대기할 때, 혹은 운전을 마친 후 아이를 한번 바라보시죠. 아이가 처음처럼 자리에 잘 앉아 있나요? 카시트에서 아이의 몸이 좀 빠져나와 있거나, 팔을 빼고 있지는 않나요? 분명 이런 경험 한 번씩은 있으실 겁니다. 이 경우에는 카시트에 앉아 있어도 아무 효과가 없습니다. 사고가 나면 벨트가 아이를 잡아줄 수 없는 것은 물론이고 자칫 잘못하면 오히려 해를 입힐 수도 있습니다. 그렇다고 애들에게 팔 빼지 마라, 가만히 있어라, 아무리 말해봐야 별 효과 없는 것은 다들 아실 테니, 우리가 먼저 챙겨봅시다.

일단, 아이를 자리에 앉힌 후에는 등과 엉덩이가 카시트에 완전히 밀착되도록 해주세요. 그리고 등판(혹은 머리 보호대) 부분이 머리 위까지 충분히 올라와 있는지 살펴주셔야 합니다. 애들 금방 크더라고요. 조금만 신경 못 쓰면 머리가 카시트 위로 쑥 올라옵니다. 등판 부분을 높일 수 있는 조절 버튼의 위치는 잘 알고 계시죠? 이 부분을 조절할 때, 어깨띠가 시작되는 부분이 아이의 어깨 정도에 있는지도 같이 봐주세요. 너무 높이 있으면 끈이 목을 조일 위험이 있고 너무 낮으면 몸통을 제대로 잡아주지 못합니다.

버클을 채운 후에는 우리 아이의 몸과 벨트 사이에 어른 손두께 정도가 딱 들어가는지 봐주세요. 너무 느슨하면 안전성이 떨어집니다. 애들이 손이나 몸을 빼내기도 쉽고요. 그리고 아이를 앉힐 때 너무 두꺼운 외투는 입히지 않아야 합니다. 푹신한 옷 때문에 벨트가 몸을 제대로 잡아주지 못할 뿐만 아니라, 충격 시 벨트는 옷만 잡아주고 아이의 몸은 쑥 빠져나올 수 있습니다. 일단 가볍게 입히고 의자에 앉힌 후, 몸 위로 옷을 덮어주세요. 추운 날씨가 걱정된다면, 미리 차를 좀 따뜻하게 한 후 아이들을 모셔(!)야 합니다. 우리 집 최고의 상전… 아니 VIP니까요.

올바른 카시트 사용법 4: 정기적으로 관리하기

이제 힘든 부분은 다 지나갔습니다. 카시트도 잘 골랐고, 장착도 잘 했고, 아이를 앉힌 후에 몸에 맞게 조절도 해서 잘 다니게 되었습니다.

그러다 보면 아이도 슬슬 카시트에 꽤 적응을 합니다. 앉아서 과자나 음료를 잘 먹을 정도로 말이지요. 그 덕분에 세차할 때 카시트를 잠시 분리해보면, 그간 우리 아이가 어떤 것을 먹고 이리 컸는지 알 수 있게 됩니다. 그러니 세차하는 김에 카시트도 분리해서 커버 세척도 하고, 차량 내부 청소도 같이 하는 것이 어떨까요? 그리고 이왕 하는 거, 다시 조립할 때 버클이 잘 작동하는지, 조절 부위가 깨지거나 끈이 닳지는 않았는지 살펴보시죠. (설명서 챙기시고요!)

참, 카시트의 설치와 관리는 특정 보호자의 할 일이 절대 아닙니다. 아이를 태우고 다니는 사람이라면 엄마, 아빠, 할아버지, 할머니 할 것 없이 모두 할 줄 아는 일이어야 합니다. "저희 집은 애 아빠(엄마)가 하는 일이라 저는 몰라요."라는 말은 절대 하셔서는 안 됩니다. 아이의 안전이 누구 한 사람의 책임은 아니니까요.

카시트, 언제까지 쓸까요?

이제 고민이 하나 남았네요. 그렇다면 카시트는 언제까지 써야 할까요? 언제부터 어른과 같은 안전벨트만 해도 될까요? 이에 대한 대답은 나라별로 좀 차이가 있기는 합니다. 우리나라는 만 6세가 될 때까지는 카시트를 사용하라고 하고 있습니다만, 8세, 10세 심지어는 13세까지 사용할 것을 법으로 정해 두고 있는 나라도 있습니다. 미국 소아과 학회는 나이가 아니라, 아이의 키가 4피트 9인치(145cm)가 될 때까지는 사용할 것을 권유하고 있지요. 2017년 기준으로 우리나라 11~12살 아이들의 평균 키가 대략 145cm 정도 됩니다. 안전에 대한 것은 좀 보수적으로 따지는 것이 좋겠죠? 그러니 저도 제 아이가 초등학교 4~5학년이 되기 전까지는 계속 카시트에 앉힐 생각입니다. 물론 앞에 설명한 내용들을 계속 챙기는 일이 좀 번거롭기는 하겠죠. 하지만 다른 사람도 아니고 내 아이를 위한 것인데 그 정도야 딱히 힘들 것 없지요!

카시트 사용, 아무리 강조해도 지나치지 않습니다

카시트 사용에 대해 길게 이야기했습니다. 사실 이미 다 알고 계시는 것들이지요? 하지만 알고 있어도 다 지키고 사는 거 솔직히 쉽지 않습니다. 무엇보다 불편하거든요. 아이도 어른도 말이죠. 그런데 안전은 원래 불편한 것입니다. 그 불편함은 내가 치러야 하는 대가가 아니라, 안전함을 만들어 가기 위한 과정이라고 생각해보면 어떨까 합니다. 내 아이의 웃는 얼굴을 지킬 수 있다면, 카시트를 사용하는 안전 습관 정도야 그리 어려운 것은 아니지 않을까요?

잊지 맙시다!

❶ 카시트는 필수품이지만 소모품이기도 합니다.
❷ 아이의 성장에 따라 적절히 바꿔줍시다.
❸ 설명서를 읽어보고 잘 보관해둡시다.
❹ 카시트는 차량 뒷자리에, 2세까지는 뒤보기로 앉히세요.
❺ 아이의 몸에 맞게 카시트를 조절하고 벨트를 매줍시다.
❻ 법은 6세까지 쓰라고 합니다만 11~12세까지 쓰는 것을 권합니다.
❼ 카시트는 불편할 수 있습니다. 하지만 그 불편함은 안전으로 가는 과정입니다.

세상의 호의를 느끼는 짧은 여행

4장

대중교통 안전

아이가 어느 정도 자라니, 이제는 함께 손잡고 외출을 할 만하게 되었습니다. 요즘은 가끔 아내에게 시간을 좀 줄 겸, 아이와 둘이 버스나 지하철을 타고 가까운 곳으로 나들이를 가곤 합니다. 아이와 함께하는 대중교통 이용은 '반지의 제왕'에 버금갈 험난한 여정이 될 가능성이 높긴 합니다. 하지만 운전대를 잡지 않고 아이와 버스나 지하철에 앉아서 도란도란 이야기를 나누며 시간을 보내는 것도 큰 즐거움이더군요. 그러니 우리 몇 가지만 더 신경 써서 아이들과 안전하게 짧은 여행을 다녀보시죠.

지하철과 버스에서 발생하는 안전사고

버스에서 아이들이 가장 많이 다치는 때는 타고 내리는 순간입니다. 저상 버스라면 조금 나은 편이지만, 버스에 올라타는 계단은 아이들이 오르기에는 꽤 가파른 경우가 많아 균형을 잃기 쉽습니다. 더구나 대부분의 아이들은 계단에서 내려가는 법을 오르는 법보다 더디 배우지요. 그래서 보통 버스에서 내리는 시간이 좀 더 걸립니다. 그러다 보니 버스 문이 닫힐까 서두르다 아이도 어른도 균형을 잃고 넘어질 위험이 있습니다. 또 하차를 하고서도 갑자기 뛰어가다가 넘어지거나, 곁을 지나가던 차량이나 자전거에 다쳐서 응급실을 방문하는 아이들도 있지요.

지하철은 버스에 비해서는 조금 여유가 있는 편입니다. 급가속이나 급정차가 거의 없고 승강장과 차량 사이의 높이 차이가 없으니 어른들 입장에서도 한결 마음이 편합니다. 하지만 지하철의 경우 차량과 승강장 사이의 간격이 제법 넓은 경우가 많습니다. 특히 곡선으로 휘어지는 승강장은 더욱 그렇죠. 어른에게 그 정도는 발이나 가방 정도가 빠지는 공간이지만, 아이들은 몸 전체가 빠질 수도 있습니다.

지하철과 버스를 안전하게 이용하려면

☑ 손은 가볍게, 휴대전화는 주머니에

아이와 외출하는 부모님들께 항상 부탁드리는 말씀 중 하나입니다. 가능한 한 손에 뭘 들고 다니지 마세요. 물론 아이들 짐이 얼마나 많은지는 저도 잘 압니다. 하지만 가능하면 짐을 줄여서 등에 매는 가방 안에 넣어주세요. 아이와 차에 오르고 내릴 때, 그리고 갑자기 움직이는 아이들을 위험에서 보호하는 가장 좋은 안전장치는 어른의 손입니다. 그 손이 만약의 사태에 대비할 수 있도록 비워놓아 주세요.

휴대전화도 반드시 주머니나 가방에 넣어두세요. 우리는 새끼를 보호하는 사자와 같아야 합니다. 아이를 해치려는 동물들은 없지만, 위험할 수 있는 상황은 도처에 도사리고 있지요. 그런데 지금 휴대전화 화면이 눈에 들어옵니까! 심지어 아이들은 그 위험을 피하기는커녕 일부러 찾아다니는 판에!

☑ 버스와 지하철을 기다릴 때는 한 발 물러서서

버스 정류장과 지하철 승강장에 서보면, 인생은 경쟁이라는 사실을 실감하게 됩니다. 조금이라도 늦게 움직이면 좌석에 앉기는커녕 서서 가기 편한 자리도 놓치기 딱 좋죠. 그러다 보니 차도에 바짝 붙어 기다리는 것이 생활화되어 있습니다. 그런데 이런 버릇은 아이가 가장 먼저 배웁니다. 기다리는 버스가 보이면 게임하듯 먼저 오르겠다고 달려들고는 하죠. 그러니 아이와 함께할 때에는 항상 차도에서 한두 발 물러서서 기다리는 모습을 보여주세요. 그리고 자칫 버스의 바퀴나 차체에 몸이 닿을 위험이 있으니 반드시 차가 멈춘 다음에 다가서도록 해야 합니다.

또한 차량이 오가는 철로나 도로를 등지고 아이를 바라보며 차를 기다리도록 합시다. 애들이 시야에서 사라지는 거 정말 순간입니다. 지하철이 어디쯤 왔나, 버스가 몇 분 남았나 쳐다보는 사이 아이가 사라지고는 합니다. 아이가 사라진 방향이 철로나 찻길 쪽이라면? 생각만 해도 아찔하죠. 항상 손을 잡고 있을 수 없다면 우리 몸을 방패 삼아 위험한 쪽을 막고 아이를 바라보고 서는 것도 위험을 막을 수 있는 한 방법입니다.

☑ 가장 위험한 순간은 차에서 내릴 때와 그 직후입니다.

목적지에 다가오면 어른들 마음은 무척 급해집니다. 일단 짐부터 챙기고, 애들 깨우고 얼러서 준비시키고, 버스의 경우에는 하차 벨 누르고… 일이 보통 많은 것이 아니죠. 그래서 이 순간에 사고가 가장 많이 일어납니다. 불안정하게 움직이다가 넘어져 다치기도 하고, 때로는 아이 먼저 차에서 내리는 바람에 가슴을 철렁하게 만들기도 하지요. 그러니 아이와 함께 내릴 때에는 차가 완전히 정차한 후에 아이를 단단히 잡고 움직여야 합니다. 어른이 약간 먼저 내려서 아이가 안전하게 내릴 수 있도록 도와주세요.

☑ 차 안에서 함께하는 시간을 즐길 수 있도록 해주세요.

아이들은 재미없고 지루한 상황을 잘 견디질 못합니다. 주변에 사람이 많으니 조용히 있어야 한다는 것은 어른들의 규칙일 뿐이지요. 버스나 지하철을 타면 처음에는 창밖이나 주변을 구경하겠지만, 이내 꼼지락거리며 사고 칠 거리를 만들고는 합니다.

요즘 저는 아이와 대중교통으로 외출할 때, 아이가 좋아하는 음악과 헤드셋이나 즐겨 읽는 책을 몇 권 챙깁니다. 그렇게 몇 차례 습관을 만들었더니 지하철 타는 시간을 꽤 즐거워하네요. 함께 대중교통을 타는 시간이 자기가 좋아하는 일을 하는 시간이라는 것을 몸으로 익히게 해주세요. 그렇게 하다 보면, 어른들의 시야를 벗어나거나 급작스러운 행동으로 위험한 상황에 처하는 것을 많이 줄일 수 있습니다.

언젠가는 아이 혼자 대중교통을 이용해야 합니다

어릴 적 처음 혼자서 버스를 타고 시내의 외가댁으로 찾아갔던 흥분을 아직도 기억합니다. 버스 정류장에서 내가 타야 하는 버스를 기다리던 초조함, 혹시라도 내릴 곳을 지나칠까 봐 온몸의 신경이 곤두서던 긴장감, 버스에서 내려 외할머니를 만났을 때의 안도감까지… 우리 아이들도 언젠가는 혼자서 대중교통을 이용하게 될 것입니다. 그때 우리 아이들에게 대중교통은 어떤 모습으로 다가올까요?

버스와 지하철 같은 대중교통은 승객 한 사람 한 사람을 모두 배려하면서 움직이지는 못합니다. 정해진 배차 시간을 지키기 위해 때로는 과속을 하기도 하고(그래서는 안 되지만!) 승차한 승객이 채 자리를 잡기도 전에 출발하기도 합니다. 요즘은 많이 나아지기는 했지만, 여전히 대중교통은 직접 운전하지 않는 대신 어느 정도의 불편함을 감수해야만 하는 교통수단으로 인식되는 것 같습니다.

하지만 대중교통은 말 그대로 대중을 위한 교통수단입니다. 몸이 건강한 사람뿐만 아니라 우리 아이들, 노인, 임산부들까지도 안전하고 편리하게 이용할 수 있어야 합니다. 대중교통법 4조에는 '모든 국민은 대중교통 서비스를 제공받는 데 있어 부당한 차별을 받지 아니하고, 편리하고 안전하게 대중교통을 이용할 권리를 가진다.'라는 조항도 있지요.

다행히 최근에는 승하차에 편리한 저상버스도 많이 도입되고, 승객이 승차 후 자리를 잡은 다음 출발하거나 하차할 때도 미리 일어서지 않도록 하는 등 대중교통 문화가 많이 개선되고 있습니다. 정류장이 아닌 곳에서는 승하차를 하지 않고, 내린 다음 타는 문화도 이제 많이 정착된 것 같습니다.

이와 더불어 대중교통을 이용하는 우리 어른들이 조금만 더 노력하면 좋겠습니다. 핑크색 임산부 배려석은 앉지 않고 비워두는 것, 노인이나 어린이가 천천히 타고 내릴 수 있도록 한 발 뒤에서 기다려주는 것, 차 안이 붐빌 때 이들을 위한 공간을 마련해주는 것, 미처 하차하지 못한 사람이 있다면 운전기사에게 큰 소리로 말해주는 것 등 작지만 소중한 실천들을 해볼 수 있습니다.

그래서 우리 아이들이 혼자 대중교통을 이용할 때, 이러한 세상의 호의를 온몸으로 느끼며 짧은 여행을 진심으로 즐기고 안전하게 마무리할 수 있으면 좋겠습니다. 물론 우리가 아이와 함께 몸으로 익힌 안전한 습관은 기본이겠지요.

잊지 맙시다!

1. 아이와 외출할 때 손은 가볍게! 언제든 아이를 잡아줄 수 있도록 합시다.
2. 휴대전화는 가방이나 주머니에 넣어두세요.
3. 버스와 지하철이 다가올 때는 한 걸음 물러나세요.
4. 차가 접근하는 방향을 등지고 서고, 아이에게서 눈을 떼지 맙시다.
5. 사고는 내리기 직전과 직후에 가장 많이 생깁니다.
6. 대중교통에서 즐거운 시간을 보내는 방법을 찾아봅시다.

내 아이가 매일 타는 또 다른 자가용

5장

통학 버스 안전

통학 버스에서 다치는 아이들

서툰 걸음으로 아장아장 다니는 아이의 뒤를 쫓아다니던 것이 얼마 전 같은데, 이제는 안고 오래 걷기 힘들 정도로 커버렸습니다. 그리고 어린이집과 유치원, 학교와 학원을 다니면서 우리가 볼 수 없는 곳에서 보내는 시간도 늘어나지요. 그러다 보면 언젠가부터 내 차보다 통학 버스를 더 자주 타는 시기가 오기 시작합니다.

통학 버스로 인한 사고가 잦은 편은 아닙니다. 하지만 통학 버스에는 여러 명의 아이들이 타고 있어서 한 번의 사고도 자칫 큰 피해로 이어질 수 있기에 더욱 주의해야 합니다. 통계를 보면 통학 버스 사고의 약 절반은 차와 사람 간의 사고입니다. 즉 통학 버스에 타고 있을 때가 아니라 아이가 그 통학 버스에 의해 다치는 사고였네요. 자신의 통학 버스를 발견하고 타려고 뛰어가다가 이를 미처 확인하지 못한 버스에 치이는 경우도 있었고, 정차되어 있는 버스 근처에서 놀고 있다가 갑자기 움직이는 차량에 다치기도 했습니다. 버스에서 내린 후에 운전자가 잘 보지 못하는 곳에 서 있다가 사고가 나기도 했고, 차량이 완전히 서기 전에 움직이다가 넘어지거나 옷이나 가방이 문에 낀 것을 모르고 있다 다친 경우도 있었습니다.

안타깝게도 2013년에 세 살 아이가 통학 차량에 치여 세상을 떠난 일이 있었습니다. 이를 계기로 2015년에 개정된 도로교통법에는 통학 버스에 대한 규정이 대폭 강화되었지요. 이로써 아이들의 안전을 위한 장치들이 제법 구체적으로 자리 잡기 시작했지만, 모든 제도가 완벽할 수는 없습니다. 그렇다면 내 아이의 안전을 위해 내가 먼저 움직여봐야겠죠?

아이들의 통학 버스에서 이것만큼은 확인해봅시다

☑ 운전기사님 외에 인솔 선생님이 계신가요?

어린이 통학 버스에는 운전기사님 외에 반드시 선생님 한 분이 타도록 되어 있는 것은 잘 알고 계시죠? 아이가 차에 타고 내릴 때에 인솔 선생님도 차에서 내려서 아이들의 안전을 확인해야 합니다. 또 운행 중에는 아이들이 안전벨트를 매고 있도록 하는 등의 어린이 보호에 필요한 일들을 하시고요. 아침에 선생님께 달려가는 아이를 선생님께서 차에서 내려 잘 맞이해주시는지, 그리고 출발 전에 아이를 앉히고 벨트를 잘 매주시는지 살펴봅시다. 물론 그전에 선생님과 반갑게 인사를 나누는 것은 잊지 마시고요.

불가피한 여러 사정으로 인솔 선생님이 함께 타지 못하는 경우에도 운전기사님이 반드시 내려서 아이들의 안전을 확인하도록 법으로 정해두고 있습니다. 우리 아이가 타는 차량은 어떠한지 꼭 살펴보시기 바랍니다.

☑ 아이들을 위한 안전벨트가 설치되어 있나요?

앞선 글에서 카시트에 대해 한참 말씀드렸습니다. 하지만 우리가 자가용에 설치하는 그런 카시트를 통학 버스의 모든 자리에 다 장착하는 것은 쉽지 않을 겁니다. 그렇다고 우리 아이만을 위한 전용 카시트를 사서 드릴 수도 없고 말이죠. 그 대신 현재의 법은 이런 통학 차량에는 '아이들의 몸에 맞게 조절할 수 있는' 안전벨트를 장착하도록 하고 있습니다.

이 법은 아이들이 통학 버스 안에서 안전벨트를 매도록 하고, 이를 인솔 교사가 챙기게 했다는 점에서 큰 의의가 있습니다. 하지만 아직 부족한 부분이 많습니다. 지금 규정이라면 성인용 2점식 안전벨트라도 그저 아이에게 채우기만 하면 되니까요. 이런 2점식 안전벨트를 아이들이 착용할 경우, 사고 시 아이들이 안전벨트 밖으로 빠져나오기 쉽고 허리나 복부를 다칠 가능성이 높습니다. 이런 점에서 본다면, 통학 차량에 장착해야 할 안전벨트의 종류와 안전 기준에 대해서는 좀 더 구체적이고 강화된 기준이 필요하지 않을까 합니다.

통학 버스를 이용할 때 지켜야 할 것들

통학 버스 사고의 절반이 버스와 아이들 간의 사고라면 아이들의 행동도 사고의 한 원인이 될 수 있겠지요. 천방지축 아이들이 안전하게 통학 버스를 이용할 수 있도록 어른들과 함께 습관을 들이도록 해 봅시다.

☑ 5분 먼저 나와서, 손을 잡고 기다려요.

저희 아이도 엉덩이가 무거운 축에 속하지만, 아침에 노란색 버스가 나타나면 신나서 달려가려고 합니다. 하지만 통학 버스가 다니는 시간은 출퇴근 시간과 겹쳐서 도로에 차가 꽤 많습니다. 거기에 아파트 단지 안이라면 여러 대의 통학 버스가 한꺼번에 움직이기도 하지요. 그런 곳에서 아이가 달려나가면 자칫 위험한 상황이 생길 수 있습니다.

BUS

그러니 아이를 태우러 온 차가 완전히 멈출 때까지 손을 꼭 잡고 기다려주세요. 또 가능하면 5분 정도 일찍 나와서 아이와 잠시 시간을 보내며 차분히 버스를 기다리는 것도 좋은 방법입니다. 늦었다 싶어 급하게 나오는 날에는 항상 버스를 향해 허겁지겁 달려가게 되고, 주변을 살피기 어려워지니까요. 저도 한동안은 아침마다 전쟁을 치르다가, 언젠가부터 조금 일찍 나와서 집 앞 화단을 살펴보거나, 긴 의자에 앉아서 도란도란 이야기를 나누는 재미를 알아가는 중입니다. 그러니 아이도 훨씬 차분하게 아침을 시작하게 되는 것 같네요.

☑ 차에서는 반드시 안전벨트를!

평소 안전벨트를 하는 습관이 잘 들어 있지 않다면 통학 차량에서도 그럴 가능성이 높습니다. 다만 아이들이 선생님의 말이라면 잘 듣기도 합니다. (그러면 좀 섭섭하긴 합니다.) 통학 버스에서 인솔 교사의 말을 잘 따르고 안전벨트를 꼭 매도록 이야기해주시고, 다시 한 번 강조하지만 집에서도 카시트에 앉아 안전벨트를 잘 매는 습관을 꼭 만들어 주세요.

☑ 차가 완전히 멈춘 후 벨트를 풀고, 선생님을 따라서 내리기

가끔 아이들을 곁에서 지켜보면 꼭 단거리 육상 선수 같다는 생각을 하게 됩니다. 뭔가 기회가 되면 언제나 달려 나갈 준비가 되어 있으니까요. 아이들은 슬슬 목적지에 도착한다 싶으면 안전벨트를 풀고 뛰어나갈 생각에 엉덩이가 들썩들썩합니다. 하지만 버스가 완전히 정차하기 전에 뛰어나가는 것은 부정 출발입니다!

버스가 목적지에 도착했다 하더라도 차의 방향을 바꾸거나 정차 위치를 잡느라 조금 더 시간이 걸리는 경우가 많고 그러다가 차 안에 탄 사람들이 이리저리 쏠리기 쉽습니다. 그러니 차가 완전히 멈춰 선 후 선생님의 지시에 따라 천천히 움직이게 해주세요.

버스에서 내린 후에는 일단 차도에서 한발 물러선 다음 버스가 멀어진 후 건도록 해주세요. 특히, 내린 직후에 급하게 차의 앞이나 뒤로 뛰지 않도록 알려주셔야 합니다. 통학 버스 관련 사망 사고의 많은 경우가 통학 버스에서 내린 직후에 바로 길을 건너다 생겼습니다. 또 아이가 내리는 동안에는 운전자가 아이의 위치를 볼 수 있지만, 아이가 몇 발짝 움직여서 거울로 볼 수 없는 위치에 들어가 버리면 차가 다시 움직이는 과정에서 사고가 날 수 있지요.

☑ 만약 버스에 혼자 남았다면 경적을!

최근 몇 해, 더운 날씨에 통학 버스에 혼자 남았던 아이가 고체온증이나 탈진으로 크게 상하거나 세상을 떠난 일들이 있었습니다. 그 사고 뉴스를 듣고 며칠을 씩씩거리며 화를 냈지요. 하지만 사람의 주의력에만 의지한다면 같은 일이 또 생기지 말라는 법은 없습니다. 그러니 이런 일을 막을 수 있는 시스템을 고민해보고 아이들에게 대처 방법을 가르치는 것이 필요합니다. 예를 들어 일부 지역에서 시범적으로 운영하는 '잠자는 아이 확인 장치'도 하나의 대안이 될 수 있습니다. 또 모 자동차 회사에서는 좌석에 승객이 남아 있는지 감지하는 장치를 개발하여 통학 버스에 장착해주는 시범 사업을 하기도 했지요. 그리고 외국과 같이 운전자가 통학 차량의 시동을 끄기 전에 차량 맨 뒷자리의 확인 스위치를 누르도록 하는 것도 한 방법이 될 수 있습니다. 이렇듯 우리가 하나하나 찾아보면 분명 아이들을 지켜주는 방법을 얼마든지 찾아낼 수 있을 것입니다.

행여나 만에 하나 통학 버스에서 혼자 남겨지는 일이 벌어진다면 아이들에게 어떻게 행동하라고 가르쳐야 할까요? 사실 전적으로 어른들의 책임인 문제라서 아이들에게 대처 방법을 가르쳐야 한다는 것 자체가 부끄럽습니다. 앞의 사고 이후, 아이가 홀로 통학 버스에 남겨진다면 자동차의 경적을 크게 울리도록 가르치자는 의견이 한참이나 부모님들의 입에 오르내린 적이 있습니다. 차 안에서 아이들이 소리친다고 주변에서 듣기는 쉽지 않을 테니 운전대의 경적을 온몸으로 눌러 울리게 하는 법을 가르치는 것도 하나의 방법이 될 수 있을 것 같습니다. 하지만 어른들의 주의와 책임이 가장 중요하다는 것을 여전히 강조하고 싶습니다.

사회 전체가 통학 버스의 안전을 지켜줘야 합니다

지금까지 통학 버스를 타는 우리 아이들의 안전을 위해 챙겨볼 만한 내용들을 말씀드렸습니다. 하지만 이런저런 이야기를 드리면서도 저도 역시 뭔가 계속 불만스럽네요. 많이 강화되었다고는 하지만 통학 버스 관련 규정은 아직 느슨해 보입니다. 아이들에게 버스에 타고 내리면서 조심해야 할 점을 가르치자 말씀드렸지만, 아이들의 안전을 아이들의 손에 맡겨두는 것 같아서 어쩐지 미안하고 불안하고 그렇습니다.

결국 이런 불안감을 없애려면 어른들이 나서서 아이들을 보호해야 합니다. 2015년 이후 도로교통법이 강화되면서 통학 버스에 관한 규정도 함께 엄격해졌습니다. 통학 버스 운영에 관한 규정이 엄격해졌고 통학 버스 주변을 지나가는 차량도 이 차들을 보호해야 할 의무가 생겼지요. 통학 버스가 정지하고 있을 때 주변 차량은 반드시 일시 정지를 해서 혹여 아이들이 뛰어나오지는 않는지 살펴야 합니다. 편도 혹은 중앙선이 설치되지 않은 길에서 통학 버스를 마주한 차들도 반드시 일단 정지를 해서 아이들을 살펴야 합니다. 또 이를 어기면 벌금을 부과할 수 있도록 정해져 있지요.

하지만 우리가 이런 규칙을 지키는 것이 어디 벌금이 두려워서겠습니까. 우리 모두가 아이들을 보호하는 습관을 들이는 것에 더 큰 의의가 있겠지요. 아직은 미국처럼 통학 버스가 멈추면 오가는 모든 차량들이 멈추는 정도까지는 아니더라도 노란색 버스가 보이면 서서히 속도를 줄이는 것, 서 있는 노란 버스를 지나갈 때는 잠시 서서 아이들을 살피는 모습을 당연하게 여긴다면, 아이들의 통학 버스 사고를 많이 줄일 수 있을 것입니다.

잊지 맙시다!

❶ 아이의 통학 버스에 인솔 교사가 있는지 확인해보세요.

❷ 지금의 안전벨트 규정은 부족합니다. 좀 더 구체적인 방안을 마련해봅시다.

❸ 버스가 다가오면 아이의 손을 잡고 기다려주세요.

❹ 버스에서 내린 후엔 버스가 완전히 떠난 다음 움직이도록 합니다.

❺ 차 안에 혼자 남으면 경적을 울리는 것도 한 방법입니다.

❻ 모든 통학 버스에 내 아이가 타고 있다는 마음으로!

3부

아이들과 안전하게 즐기는 야외 활동

아이가 자라는 과정은 참 경이롭습니다. 겨우 목을 가누던 아이가 기기 시작하더니 어느새 서고 걷지요. 그러다 조금 있으면 뛰어다니는 아이를 잡으러 다니는 것이 부모의 일이 됩니다. 활동 범위도 점차 확대됩니다. 동네 놀이터에서 노는 걸로는 성에 안 차는 아이들은 넓은 운동장이나 공원으로 진출해 킥보드나 자전거 등을 타기 시작하지요.

그러면서 아이들이 다치는 양상이 바뀝니다. 응급실로 방문하는 소아 외상 환자에 관한 통계를 보아도 5세를 전후해 집에서 다치는 아이들의 수는 줄어드는 반면 집 외부에서 다치는 경우가 급격히 늘기 시작합니다. 단순히 다치는 장소만 변하는 게 아니라, 활동이 늘면서 더 높은 곳을 올라가고 더 빨리 움직이기 때문에 심각한 부상을 입는 경우도 잦아집니다. 저도 주말에 병원에서 근무할 때면 미끄럼틀에서 떨어져 머리를 부딪히거나, 자전거나 스케이트를 타다가 뼈가 부러지거나 심한 상처를 입은 아이들을 자주 만나게 됩니다.

이런 경향은 우리나라보다 먼저 아이들의 안전에 관심을 가지고 자료를 모아온 미국의 예를 보아도 확인할 수 있습니다. 미국소비자제품안전위원회의 자료를 보면, 놀이터 등의 야외 활동 중에 다치는 12세 이하의 전체 어린이 중에서 5~9세의 아이들이 60%를 차지하고 있습니다. 병원을 오는 이유는 떨어진 경우가 약 67%로 가장 많고, 다치는 부위는 팔(44.8%)과 머리(15.3%) 그리고 얼굴(13.3%)에 상처를 잘 입는다고 하네요.

국립재난안전연구원은 2013년에 '어린이 안전사고 예방대책'을 발표하면서 안전사고의 원인이 되는 세 가지 요인으로 '부적절한 시설 및 장비' '엉성한 시설 관리' '부주의한 사용자'를 들었습니다. 물론 아이들의 부주의도 하나의 원인일 수는 있겠지요. 하지만 시설을 점검하고 제대로 된 안전장치를 마련하는 것은 어른들의 몫입니다. 결국 야외 활동에서 아이들이 다치는 것을 막으려면 우리 어른들이 아이들을 노는 곳을 살피고 위험을 막을 수 있는 방법들을 찾는 수밖에는 없습니다.

더 빨리 달리고 싶은 아이들

1장

탈것 안전

아이들을 가만히 쳐다보고 있으면 참 신기합니다. 저 엄청난 에너지는 도대체 어디서 나오는 걸까요? 어떻게 낮잠 잠깐 잤는데 다시 100% 충전이 되어 저렇게 뛸 수 있는 것일까요. 그 엄청난 에너지 덕분인지, 아이들은 어느 순간부터는 자기 발로 달리는 것만으로는 만족하지 못하고 뭔가 더 빠르게 쌩쌩 움직일 수 있는 것을 찾으려 합니다.

아이들이 바퀴 달린 놀이기구에 관심을 보이기 시작하면 어른들의 고민이 또 시작되죠. 사주고 싶기는 한데, 다치지는 않을까 위험하지는 않을까 걱정이 앞서기 마련입니다. 실제로도 응급실에서는 야외 활동을 하기 좋은 계절이 되면 자전거나 인라인 스케이트 등을 타다가 다쳐서 오는 아이들이 슬슬 늘기 시작합니다. 요즘은 미세먼지가 심한 날이 많아 다치는 아이들이 좀 줄어들까 싶었지만 역시 먼지 따위가 아이들을 이길 수는 없는지, 이런 것들을 타다가 다쳐서 온, 잔뜩 겁먹은 아이들을 여전히 많이 만납니다.

한국소비자원의 조사에서도 바퀴 달린 놀이기구로 인한 사고는 5~7월에 가장 많이 발생하는 것으로 나타났습니다. 그리고 사고의 40% 정도는 일반 도로에서 생기지요. 정상적인 환경이라면 일반 도로가 아니라 운동장이나 전용 도로, 전용 놀이터에서 다쳐야 하는데, 그런 공간이 충분하지 못하다 보니 일반 도로에서 다치는 비율이 꽤 높은 것으로 보입니다.

대부분 팔다리나 얼굴이 쓸려서 다치는 찰과상이 가장 많지만, 빠른 속도를 이기지 못하고 넘어지거나 부딪힌 경우 팔다리가 부러지는 아이들도 많습니다. 특히 헬멧 없이 자전거를 타다가 다쳐 뇌출혈이나 두개골 골절과 같은 중상을 입는 안타까운 경우도 있지요. 2014년 한국소비자원에서 시행한 어린이 안전사고 사례 분석에서도 어린이 중상해의 큰 원인으로 자전거 사고를 지적하면서 보호 장구의 착용을 권고하고 있습니다.

놀러 나가기 전 꼭 점검할 것들

☑ 체격에 맞는 놀이기구를 선택하고 아이의 몸에 맞게 조절합시다.

처음에 아이들에게 이런 탈것을 사줄 때, 대부분은 아이의 체격보다 약간 큰 것을 사주기 마련입니다. 저도 또래보다 큰 제 아이의 체격만 믿고 좀 큰 자전거를 사줬는데 아이가 제대로 타지 못해 끙끙거리는 바람에 아이에게 미안했던 적이 있습니다. 물론 반대로 아이에게 너무 작아서 타기 불편한 상태를 미처 눈치채지 못하는 경우도 있지요. 안장 높이가 너무 낮거나 높은 자전거, 발에 너무 크거나 작은 인라인 스케이트가 대표적이지요. 이런 경우에는 급한 상황에서 방향 전환을 하지 못하거나 멈추지 못해 다칠 수 있습니다.

자전거 안장의 높이는 아이가 앉았을 때 발이 땅에 닿을 정도여야 합니다. 처음 자전거를 배울 때에는 양발의 바닥이 땅에 충분히 닿을 정도의 높이로 맞춰서 급할 때는 두 발로 자전거를 세울 수 있도록 해줘야 합니다. 인라인 스케이트는 대부분 아이의 성장에 따라 신발의 크기를 조절할 수 있습니다. 아이가 신었을 때 불편하지 않은지 살피고 평소 어떻게 조절하는지 익혀두세요. 아이들 발 정말 금방 큽니다.

복장도 중요합니다. 놀이기구에 끼일 수 있는 옷이나 긴 목도리는 피하는 것이 좋습니다. 그리고 발이 밀려 다치거나 쉽게 벗겨질 수 있는 샌들이나 슬리퍼는 신지 말아야 합니다. 가능하면 밝은 색 옷이나 형광 띠 등을 입혀서 어두운 곳에서 눈에 잘 띄도록 하는 것이 좋습니다.

☑ 놀이기구를 정기적으로 점검해주세요.

오늘 시간이 되면(아니, 시간을 꼭 내서), 아이의 자전거나 인라인 스케이트를 찬찬히 살펴보세요. 아이들이 열심히 탄다면 더 꼼꼼히 살펴보셔야 합니다. 먼저 바퀴에 바람은 빠지지 않았는지, 빽빽하게 돌아가거나 흔들리지는 않는지 살펴주세요. 자전거의 핸들이 단단히, 바른 방향으로 고정되어 있는지도 확인하세요. 브레이크가 달린 기구라면 핸들을 살짝 쥔 상태에서 밀어보세요. 제대로 멈추지 않고 슬슬 밀린다면 브레이크가 제 기능을 못하고 있는 것입니다. 브레이크 이상이나 조작 미숙은 어린이 탈것 사고의 가장 큰 원인 중 하나입니다. 또 바퀴에 공기가 많이 빠진 경우에도 바퀴가 흔들려서 균형을 잃게 만드는 원인이 됩니다.

☑ 안전 장비는 기본 중의 기본!

아무리 몸에 맞는 놀이기구를 준비하고 사전 점검을 잘 했다고 하더라도 아이들이 다치는 것을 완전히 막을 수는 없습니다. 일단 바퀴를 굴리는 법을 배우려면 숱하게 넘어질 수밖에 없으니까요. 놀이기구의 종류에 따라 차이가 있지만, 가장 많이 다치는 부위는 머리와 얼굴,

그리고 손목과 팔꿈치입니다. 넘어지면서 먼저 바닥에 닿는 부위들이지요. 이런 부위들은 안전모나 보호대만 제대로 착용해도 다치는 것을 많이 줄일 수 있습니다. 안전벨트와 카시트도 제대로 사용하는 것이 중요한 것처럼, 이런 보호 장구들도 몸에 맞게 적절히 착용하는 것이 중요합니다.

특히 안전모는 아이의 머리가 심하게 눌리지 않아야 하고, 착용했을 때 눈을 가리지 않아야 합니다. 안전모의 머리둘레 크기를 조절하는 장치를 돌려 머리 전체에 단단히 고정시켜야 하지요. 그리고 가장 중요한 턱 끈은 목을 누르지는 않지만 쉽게 안전모가 벗겨지지 않도록 단단히 고정해야 합니다. 턱 끈이 느슨하면 안전모가 제자리를 벗어나고, 너무 조이면 아이들이 답답해서 자꾸 풀려고 합니다. 그러니 아이에게 여러 번 씌워보면서 가장 잘 맞는 위치를 찾아야 합니다. 무릎, 손목, 팔꿈치 보호대는 착용 후 관절을 펴고 구부리는 동작을 여러 번 해서 불편하지는 않은지, 흘러내리지는 않는지 확인해야 합니다.

처음 타는 법을 배울 때에는 중세 기사처럼 안전 장비를 챙기던 아이들도 어느 순간부터는 귀찮고 답답하다며 안 하려고 합니다. 심지어 초보처럼 보이기 싫다며 안전 장비를 풀어버리기도 하죠. 인라인 스케이트나 자전거는 그나마 낫지만 킥보드나 바퀴 달린 운동화는 아이들도 어른들도 안전 장비를 잘 챙기지 않는 경우가 많습니다.

하지만 이건 아이들과 협상할 문제는 아닙니다. 좀 버겁더라도 아이들에게 만들어줘야 할 습관이죠.

안전 장비가 없다면, 바퀴 달린 놀이기구는 없습니다.

☑ 안전한 장소를 찾아봅시다.

바퀴 달린 놀이기구를 타다가 다친 경우를 살펴보면 내리막길에서 갑자기 빨라진 속도를 주체하지 못하고 놀라 넘어지는 경우가 꽤 많습니다. 그리고 집 근처 공터나 주차장에서 타고 놀다가 움직이는 차를 미처 피하지 못하거나, 표면이 고르지 못한 곳을 빠른 속도로 지나면서 넘어지는 경우도 종종 있습니다.

아이들이 바퀴 달린 놀이기구를 신나게 탈 수 있는 넓고 안전한 공간을 찾기가 참 어렵습니다. 차들이 들어서 있는 경우가 많고, 차가 없는 곳에서는 어른들이 더 신나게 달리고 있는 경우가 많거든요. 아이들이 편안하고 안전하게 바퀴 달린 놀이기구를 탈 수 있는 공간을 만들어주지 못해 미안한 생각이 먼저 듭니다. 하지만 요즘 일부 지자체를 시작으로 아이들이 이런 놀이기구들을 걱정 없이 즐길 수 있는 장소가 하나둘 마련되는 움직임이 보입니다. 인근 공원이나 학교 등에 이런 공간이 있는지 살펴보시고, 특히 처음 배울 때에는 이런 곳에서 안전하게 배울 수 있도록 해주세요.

운전 습관으로 이어지는 탈것 안전 습관

아이들은 바퀴 달린 놀이기구를 다루고 타면서 '도로'에서 지켜야 하는 규칙들을 하나하나 알아가야 합니다. 그렇게 몸에 익힌 습관이 나중에 운전을 하는 습관으로 이어지니까요. 하지만 이런 습관은 혼자서 익히기 쉽지 않습니다.

모든 어른들이 아이들에게 횡단보도에서는 일단 내려서 자전거나 보드를 끌고 움직여야 하고, 교통 신호와 표지를 지키라고 가르칩니다. 비탈길에서 너무 속도를 내지 말고 좁은 길에서 넓은 길로 나올 때에는 일단 멈추라고 알려주지요. 아이들도 이미 머리로는 다 알고 있습니다. 그게 옳은 일이라는 것을 말이죠.

하지만 아이들이 머리로 아는 것을 넘어 그 습관들을 몸에 익히려면 누군가 곁에서 함께 지켜봐 주는 사람이 필요합니다. 아이들이 도로에 나선다면 우리도 함께 나설 준비를 합시다. 자전거를 몰고 나갈 때 아이에게만 안전모를 씌워주는 것이 아니라 함께 써야 합니다. 작은 길에서 큰길로 접어드는 법, 횡단보도를 건너는 법, 속도를 줄이는 법, 안전 장비를 계속 착용해야 하는 이유를 곁에서 지속적으로 알려주는 것이 가장 효과적이지 않을까요?

잊지 맙시다!

❶ 아이의 체격에 맞는 탈것을 마련해주세요.

❷ 끼거나 펄럭이지 않는 밝은 색의 복장을 입도록 해주세요.

❸ 아이를 위한 정비사가 됩시다. 핸들과 브레이크 그리고 바퀴의 상태를 살펴주세요.

❹ 몸에 잘 맞는 보호 장구를 챙겨주세요.

❺ 차가 적고 경사가 없는 장소에서 타도록 해주세요.

❻ 바퀴 달린 놀이기구를 다루는 습관이 운전 습관으로 이어집니다.

동네 아이들 모여라!

2장

놀이터 안전

놀이터에서 다치는 아이들

도시에서 아이를 키우면서 제일 아쉬운 점은 아이가 실컷 뛰어놀 공간이 별로 없다는 것입니다. 공간 문제, 층간 소음 문제로 집에서 노는 것도 한계가 있고, 밖으로 나가려고 하니 안전하게 아이들을 풀어놓을 수 있는 공간이 마땅치 않습니다. 그렇다고 매일 키즈카페나 놀이공원 같은 곳을 갈 수도 없지요. 그래서 아파트 단지나 동네에 있는 놀이터는 무척 소중한 공간입니다. 가깝기도 하고, 비용도 별로 들지 않고, 아이에게 친구를 만들어줄 수도 있지요. 하지만 아이들이 뛰놀기 좋은 공간은, 뒤집어 생각하면 다치기도 쉬운 장소라고 볼 수 있습니다.

얼마 전 주말 오후에도 놀이터에서 놀다가 다친 아이 둘이 응급실을 찾아왔습니다. 한 아이는 입술이 부어 있었고, 다른 아이는 이마가 찢어져 피가 나고 있었죠. 휴일이면 종종 보게 되는 광경입니다. 미끄럼틀 아래에서 친구를 놀래주려고 기다리다가 빠른 속도로 내려오는 친구와 부딪힌 것이죠. 마침 아이들이 놀던 미끄럼틀이 원통형에 구부러진 모양이라 미처 서로를 보고 피할 여유가 없었나 봅니다. 다행히 아이들은 크게 다친 곳이 없었습니다. 물론 놀라서 달려오신 부모님들에게 한참이나 혼이 나야 했지만요.

놀이터에서 다쳐 병원에 온 아이들의 경우를 살펴보니, 만 5~6세 또래의 아이들이 가장 많았습니다. 아무래도 더 어린 나이에는 위험하게 놀 수 있는 근력이 아직 없고, 나이가 더 들면 학교나 학원에 가느라 놀 시간이 부족하니까요. 기구 중에서는 미끄럼틀에서 다치는 아이들이 가장 많았고, 그네에서 다치는 경우가 뒤를 이었습니다. 그 원인도 역시 우리 생각대로 '떨어져' 다치는 경우가 약 절반 정도로 가장 많았습니다.

놀이터를 만들기 위해서는 꽤 많은 법을 지켜야 합니다. 바닥의 재질이나 놀이기구의 크기, 심지어 계단의 크기 같은 것도 지켜야 하는 기준이 있지요. 놀이터를 만든 다음에도 정기적으로 점검을 받아야 합니다. 하지만 이런 안전 규정을 다 지킨 놀이터라 하더라도 아이들이 다치는 것을 완전히 막을 수는 없습니다. 아이들은 기구에 올라가고,

빠르게 내려오고, 충돌하고, 뛰기 때문이죠.

아이들과 놀이터로 나갈 때 살펴볼 것들

놀이터에 나가기 전에 아이의 옷차림을 살펴주세요. 끈이 풀어지기 쉽거나 나풀거리는 옷, 긴 목도리나 치렁치렁한 장신구 등은 놀이기구를 타면서 걸리거나 끼일 위험이 있습니다. 또 신발은 발에 잘 맞고 쉽게 벗겨지지 않는지, 바닥이 미끄러지기 쉬운 재질이 아닌지 한번 봐주세요.

놀이터에 도착하면 벤치에 앉아 휴대전화를 꺼내기 전에, 아이의 뒤를 따라 놀이터를 한 바퀴 둘러보시죠. 놀이터 바닥에 모래나 작은 자갈 혹은 고무 매트 등을 깔아둔 곳이 많을 겁니다. 바닥에 날카롭고 뾰족한 물체나 쓰레기 혹은 동물의 분변같이 지저분한 것이 있다면 내 아이를 생각해서라도 먼저 치워주세요. 그리고 바닥이 크게 패이거나 벌어져서 아이들이 걸려 넘어질 만한 곳이 있다면, 관리사무소에 이야기하는 것도 아이들 안전을 위해 큰 도움이 됩니다.

아이와 함께 놀이기구를 타면서 놀이기구의 상태도 한번 살펴주세요. 특히 난간과 계단, 로프나 쇠사슬의 연결 부분, 손잡이 등이 부서지거나 헐거워지지는 않았는지, 너무 심하게 녹슬거나 페인트가 벗겨진 곳은 없는지도 확인해봅시다. 특히 나무로 만들어진 놀이기구의 경우 시간이 지나면서 나무의 결이 일어나 아이들 손에 가시가 박히는 경우가 종종 있습니다. 손에 박힌 가시는 의외로 빼기도 쉽지 않고 꽤 아픕니다. 아파서 우는 아이 손에서 가시를 빼려고 쩔쩔매다가 결국 병원으로 오시는 경우도 많습니다.

법적으로 모든 놀이터는 2년에 한 번 이상 안전검사기관에서 정기 시설 검사를 받도록 되어 있고, 관리자가 월 1회 이상 안전 점검을 하도록 되어 있습니다. 하지만 여러 아이들이 놀다 보면 자연스럽게 조금씩 닳고 부서지기 마련이지요. 어른들이 발견한 작은 문제들을 그냥 지나치지 않고 빨리 해결될 수 있도록 한다면 내 아이뿐만 아니라 동네 아이들 모두를 위해서도 큰 도움이 될 것입니다.

놀이터에서 놀 때 주의해야 할 것들

신나게 놀기 위해 놀이터에 나온 아이들에게 이건 해라 저건 하지 마라 간섭하는 것은 어찌 보면 앞뒤가 안 맞는 말입니다. 하지만 놀이터도 다양한 연령의 여러 아이들이 함께 노는 공간인 만큼 최소한의 안전 규칙을 지키는 것도 필요합니다. 놀이기구별로 자주 다치는 몇 가지 경우만 피할 수 있도록 함께 살펴봅시다.

미끄럼틀은 그 높이와 속도가 아이들에게 주는 즐거움이 다른 어떤 기구보다 크지요. 그러니 그만큼 인기가 있고, 인기가 있는 만큼 다치

모자
써야지!
조심해, 조심!

기도 많이 다칩니다. 주로 떨어지는 경우가 많지만, 앞에서 이야기한 사례처럼 다른 아이들과 부딪히거나 그로 인해 피부가 찢어지는 경우도 종종 있지요. 2~3세 정도의 아이들은 떨어지면서 머리가 다치기 쉽고, 더 큰 아이들은 팔이나 다리가 부러지는 부상을 입기도 합니다.

미끄럼틀 사고는 주로 내려오면서 생깁니다. 다른 것은 몰라도 내려올 때는 한 명씩, 반드시 앞사람이 다 내려가 옆으로 벗어난 다음에 내려가게 해주세요. 둘이 같이 미끄럼틀을 타다가 난간을 넘어 떨어지거나, 미끄럼틀에서 내려온 직후 몸을 가누기도 전에 뒤에서 내려오는 다른 아이와 충돌해서 다치는 경우가 많습니다.

그네는 미끄럼틀과 함께 놀이터의 양대 산맥이라고 볼 수 있죠. 자기가 원하는 만큼 스릴을 즐길 수 있고, 익숙해지면 익숙해질수록 더 높고 빠르게 올라갈 수 있어서 놀이터 경력(?)이 좀 되는 아이들은 미끄럼틀보다 더 좋아합니다. 그래서인지 초보자들보다는 놀이터에서 좀 놀아본 아이들이 더 크게 다치기도 하지요.

그네를 탈 때는 다른 사람이 타고 있을 때에는 그네 곁으로 다가가지 않도록 해주세요. 그네 타는 아이가 실수로 떨어지는 것보다 근처에 지나가던 아이가 움직이는 그네에 부딪혀 다치는 경우가 오히려 더 많습니다. 대부분의 놀이터 그네 주변에는 안전 펜스가 설치되어 있습니다. 차례를 기다릴 때 그 안으로 들어가지 않도록 지도해주세요.

철봉이나 밧줄 등에 매달려 노는 친구 곁에 다가가서 장난치지 않도록 해주세요. 매달려 있는 아이를 다치게 할 수도 있고, 떨어지면서 같이 엉켜 부상을 입을 수도 있으니까요. 특히, 매달려 있는 친구의 다리나 몸을 당기는 일은 절대 하지 않도록 주의를 주셔야 합니다!

아이들을 쫓아다니며 통제하는 것이 최선일까요?

앞에서 몇 가지 주의사항을 이야기했지만, 사실 말씀드리고 나니 저도 가슴이 답답합니다. 놀이터에서 다쳐서 오는 아이들을 치료하는 의사 입장에서야 "애들이 이렇게 다치니 조심하세요!" 하고 말씀드립니다만, 당장 제 아이만 봐도 이 모든 것을 지키기 쉽지 않다는 것을 압니다. 그리고 제 아이가 약간의 위험 정도는 씩씩하게 이기면서 신나게 놀았으면 하는 마음도 조금은 있고요.

아이들은 뛰어놀아야 하고, 그렇게 놀다 보면 다치는 경우가 생길 수밖에 없지요. 아이들을 다치지 않게 하겠다고 조금이라도 위험한 일은 시도조차 하지 못하게 한다면 아이들은 성장할 수 없습니다. 높은 곳에 올라가 보기도 하고, 빠르게 미끄러질 줄도 알아야 합니다. 감당할 수 있는 위험이라면 기꺼이 경험해보는 것도 아이들의 성장을 위해 중요하지요.

아이들을 쫓아다니며 잔소리를 하는 대신, 떨어져도 크게 다치지 않는 바닥과 안전장치를 설치하면 어떨까요? 정글짐이나 미끄럼틀처럼 떨어질 위험이 있다면 그물 모양의 안전망을 설치하거나 바닥에 푹신한 완충재를 덧대거나 모래를 두껍게 쌓는 것도 생각해볼 수 있습니다. 차례차례 순서를 지켜야만 하는 미끄럼틀과 그네는 없지만 완만한 경사에서 여러 친구들이 함께 놀 수 있고 더 창의적인 놀이를 할 수 있는 그런 놀이터를 만들 수도 있을 것입니다. 새로 만들어지는 놀이터는 이런 부분을 좀 더 고민해주시면 좋겠습니다.

아이가 아주 어릴 때에는 놀이터에서 아이 뒤를 졸졸 따라다니지만 아이가 좀 크면 자연스럽게 또래 아이와 어울리게 되고 부모도 한숨 돌릴 시간이 생깁니다. 하지만 아무리 자랐다고 해도 아이들은 아이들입니다. 오랜만에 아이와 놀이터에 나온 시간, 체력이 달려 벤치에 앉아 쉴 수밖에 없더라도, 휴대전화는 잠시 넣어두시고 눈은 아이들을 지켜봐 주세요.

잊지 맙시다!

❶ 아이의 옷과 신발이 놀이터에서 놀기에 적당한지 살펴보세요.
❷ 놀이터 바닥에 위험한 물건이 있다면 모든 아이들을 위해 치워주세요.
❸ 놀이기구를 살펴보고 문제가 있다면 관리자에게 연락해봅시다.
❹ 놀이기구를 안전하게 사용할 수 있도록 아이 곁에서 지켜봐 주세요.
❺ 아이들이 크게 다칠 걱정하지 않고 놀 수 있는 놀이터를 고민해봅시다.

움직이는 모든 것이 놀이기구

3장

공공장소 안전

세상의 모든 것에서 재미를 찾는 아이들

얼마 전 장도 보고 나들이도 할 겸 아이와 마트에 갔습니다. 두세 명의 아이들이 무빙워크를 오르내리며 장난을 치고 있더군요. 주말이라 마트 안이 꽤 혼잡했던 터라 아이들의 모습이 좀 위험해 보였습니다. 조금 지켜보다가, 마침 곁을 지나가는 아이에게 주의를 주려는 순간, 저쪽에 있던 다른 아이가 우당탕탕 넘어지고 말았습니다. 결국 부모가 와서 주의를 주며 데리고 가는 것으로 그 일은 마무리되었습니다만, 응급실에서 비슷한 사고로 더 크게 다쳐서 오는 아이들을 종종 만나는 저로서는 그 장면을 그냥 보아 넘기기가 힘들더군요.

아이들에게는 세상 모든 것이 재미있습니다. 말 한마디에도 까르르 웃음을 터뜨리고, 나무 막대기 하나로도 열 가지 정도의 놀이를 할 수 있죠. 그러니 승강기나 에스컬레이터 같은 움직이는 장치들은 아이들에게는 편의시설이기보다는 놀이기구에 가까울지 모르겠습니다. 그러니 승강기를 타고 오르내리고(밖이 보이면 더 신나죠), 에스컬레이터를 오르내리거나 가끔은 역방향으로 타는 일도 서슴지 않습니다. 그러다 보니 부모들과 외출이 잦은 주말 저녁이면, 이런 편의시설을 이용하다 다쳐서 오는 아이들을 가끔 만나게 됩니다.

공공 편의 시설에서는 어떻게 다치나요?

아이들이 왜 이런 시설에서 다치는 걸까요? 또 어떤 부위를 많이 다칠까요? 한국소비자원의 자료를 보면, 승강기 사고의 절반 정도가 '문에 끼여서' 발생하며 그 중 90% 정도는 6세 이하의 아이들, 특히 두 돌이 채 안 된 어린아이에게 생깁니다. 흔히 문이 닫힐 때 손이 문 사이에 찍혀 다치는 경우가 더 많을 것으로 생각하기 쉽지만, 아이들은 의외로 문이 열릴 때 더 많이 다칩니다. 승강기 문에 손을 대고 있다가 열리는 문과 문틀 사이로 손이 말려 들어갈 수 있기 때문이지요. 한국소비자원의 실험에 따르면 5세 정도의 아이의 경우 5mm 정도의 틈에도 손이 끼일 수 있고, 9mm 이상일 경우 손가락이 완전히 말려 들어간다고 합니다.

에스컬레이터나 무빙워크에서는 넘어져 부딪히고 찢어지는 경우가 가장 많습니다. 특히 오를 때와 내릴 때 충분히 주의를 기울이지 못해 균형을 잃는 경우가 많고, 오른 이후에도 이리저리 움직이다 넘어지기도 하지요. 또 신발이나 옷이 끼어서 다치기도 합니다. 물론 이물질이 끼면 기계가 자동으로 작동을 멈추게 되어 있긴 하지만 정지할 때까지 시간이 약간 걸리기 때문에 자칫 큰 사고로 이어지기도 합니다.

회전문에서는 회전하는 부분과 고정된 문틀 틈에 손발이나 머리가 끼어 다치는 아이들이 많습니다. 회전문의 속도가 익숙지 않아 들고 나는 타이밍을 잘 잡지 못해 다치는 경우도 있고, 회전문을 놀이기구 삼아 놀다가 넘어지고 끼일 수 있지요. 작게는 손발이 다치는 정도에서 그치기도 하지만 머리나 몸통이 끼어 사망에 이를 정도로 큰 외상을 입는 경우도 있어서 아이들과 이용할 때는 주의할 필요가 있습니다.

공공장소에서 주의해야 할 것들

승강기와 에스컬레이터 그리고 회전문 같은 시설은 엄밀하게 말하면 공공장소입니다. 나와 내 아이뿐만 아니라 다른 이들의 안전도 함께 생각해야 하는 곳이지요. 저도 제 아이가 언제 어디서든 신나게 놀 수 있길 바라지만, 이런 장소에서만큼은 좀 엄하게 안전 수칙을 지키

도록 하고 있습니다.

☑ 승강기 앞에서 여유를 가지세요.

놓친 승강기를 보며 안타까워하거나 조급해하는 모습은 아이들에게도 금방 영향을 미칩니다. 그러다 보면 어느새 아이들은 닫히는 문을 향해 손과 발을 넣는 행동도 서슴지 않게 되지요.

승강기를 타기 전에는 항상 문에서 한두 발 물러서도록 해주세요. 특히 문 측면에서 한 발짝 정도 물러나서 기다리면, 안전은 물론 내리는 사람에 대한 배려도 함께 가르칠 수 있습니다. 승강기 문에 손을 대고 서 있거나 문에 기대고 있는 것도 피해야 합니다. 이를 막기 위해서 승강기에 아이들과 함께 탈 때에는 어른이 승강기 문을 등지고 서는 것도 한 방법입니다.

승강기를 타면 안쪽으로 들어가서 서는 습관을 길러주세요. 뒤에 타는 분에 대한 배려도 되지만, 아이의 모자나 목도리 혹은 줄넘기 줄 등이 문에 걸리는 것을 막아주기도 합니다. 긴 목도리나 치렁치렁한 장식을 좋아하는 아이들이라면 승강기에서 더욱 조심하시고요.

☑ 에스컬레이터와 무빙워크에서는 아이보다 한발 늦게 타고 내리세요.

이곳은 공공장소이고, 공공장소에서는 함께 지켜야 할 규칙이 있다는 것을 단호하게 이야기해주세요. 그러니 (아무리 재미있더라도) 반대 방향으로 걸어 올라가거나 오르내림을 쉼 없이 반복하면 안 된다는 것을 알려주셔야 합니다.

아이와 타고 내릴 때는 아이의 움직임을 살펴주세요. 아이가 아직 이런 것에 익숙해지기 전에는 타고 내릴 때 잠깐 주저하기 마련이고 그러다 넘어지는 경우도 많습니다.

아이보다 한 발 늦게 타주세요. 어른들이 먼저 올라버리면, 주저하다가 타지 못한 아이를 도와주러 에스컬레이터 진행 방향 반대로 뛰는 경험을 하셔야 할지도 모릅니다! (제 얘깁니다.)

아이의 한 손은 꼭 손잡이를 잡고 다른 한 손은 어른의 손을 잡도록 해주세요. 에스컬레이터와 무빙워크에서 나는 사고 중 가장 큰 사고는 기계적인 문제가 있어 갑자기 멈춰 설 때 발생합니다. 그런 상황에서 몸을 가눌 수 있는 방법은 단단히 손잡이를 잡고 있는 것밖에는 없지요. 어른도 아이도 반드시 손잡이를 꼭 잡아야 합니다.

아이가 쇼핑 카트에 앉아서 함께 쇼핑하는 것을 즐기더라도, 무빙워크를 이용할 때는 반드시 내리도록 해주세요. 무빙워크는 에스컬레이터에 비해 사고가 적긴 합니다. 하지만 쇼핑 카트가 무빙워크에 들고 날 때, 바퀴가 틈에 끼어 쓰러지는 일이 종종 발생하고 있습니다. 카트에 실려 있는 것이 물건이라면 상관없겠지만, 그 위에 우리 아이가 앉아 있다면 어떤 일이 생길까요?

고무 재질의 말랑말랑한 샌들이나 장화 등은 신고 벗기 편하고 씻기도 좋아서 꽤 인기가 있습니다. 하지만 에스컬레이터와는 사이가 좋지 못한 것으로 유명하지요. 우리나라는 물론 다른 나라에서도 신발 끈이나 무른 고무 부분이 에스컬레이터 사이에 말려 들어가 발을 크게 다치는 사고가 종종 발생하고 있습니다. 가급적 다른 신발을 신기거나 어른들이 특별히 더 주의를 기울여야 합니다.

☑ 아이 혼자 회전문에 들어가지 않도록 해주세요.

자동 회전문에서는 손으로 문을 밀지 않도록 하고 문의 속도에 따라 천천히 움직이도록 알려주세요. 수동 회전문의 경우, 아이가 문틈에 끼이면 본인의 힘으로 빠져 나오기가 어려워 크게 다칠 수 있습니다. 아이 혼자 회전문에 들어가지 않도록 하세요. 한 바퀴 돌아 다시 부모가 있는 곳으로 돌아오면 다행인데, 회전문을 이용해서 혼자 밖으로 나가 달려가 버리는 아이들도 있습니다. (아시죠? 아이들 얼마나 빠른지?) 진땀을 흘리며 아이를 잡으러 가는 경험을 하기 싫으시다면 꼭 아이에게서 시선을 떼지 마세요.

더욱 강화되어야 하는 공공 편의 시설 안전

승강기 사고가 계속 생기자 정부는 2016년 승강기 안전 관련 규정을 대폭 강화했습니다. 하지만 이 법을 통해 강화된 손 끼임 방지 수단

의무화 규정은 이 법 시행 이후의 건축물에만 해당한다고 규정하고 있습니다. 즉, 그 이전에 설치된 전국 60만 대의 승강기를 이용할 때는 아이들이 다칠 위험이 여전히 있다고 봐야 하죠. 회전문의 경우도 2005년 건축법이 개정되면서 크기와 회전 속도 그리고 안전장치 설치에 대한 규정이 생겼습니다. 하지만 그러한 장치들의 기능이나 개수 등에 대해서는 구체적으로 정하지 않고 있지요. 즉, 이런 공공 편의 시설들에 대한 안전 규정이 강화되는 추세이긴 하지만 아직 부족한 부분이 많습니다. 결국 많은 사람들이 계속 관심을 가지고, 정부가 개선을 하도록 요구하는 수밖에 없습니다.

법이 실생활에 적용되기 전에 할 수 있는 건 없을까요? 우리가 사는 아파트나 아이가 자주 다니는 상가 건물의 승강기에 손 끼임 방지재를 붙이는 걸 건의해볼 수도 있습니다.

또한 아이들의 눈에 잘 띄는 위치에 경고 문구나 주의 표시를 붙여 두는 것도 생각해볼 만합니다. 지금도 물론 주의 표시가 있긴 하지만 대체로 어른들의 눈높이에 맞춰져 있지요. 아이들이 읽고 조심하려면 당연히 아이들의 눈높이에 맞춰 주의 문구나 그림을

부착해야 합니다. 일본과 대만의 경우, 아이들의 눈높이에 '우는 아이' '상처 입은 손'과 같은 그림을 이용해서 손 끼임의 위험을 알리고 있다고 합니다. 우리나라도 어린이들이 많이 이용하는 시설에는 아이들의 눈높이에 맞춰 이런 주의 표시를 해보는 것은 어떨까요.

잊지 맙시다!

1. 공공장소에서의 안전 규칙과 예절을 지키도록 해주세요.
2. 승강기 문에 손을 대지 않도록 해주세요.
3. 에스컬레이터와 무빙워크에서는 아이보다 한발 늦게 타고 내리세요.
4. 고무로 만든 신발을 신었다면 에스컬레이터를 탈 때 끼지 않도록 조심해 주세요.
5. 혼자서 회전문을 사용하지 않도록 지켜봐 주세요.

안전하고 시원한 여름 나기

4장

물놀이 안전

물놀이를 하다가 다치는 아이들

매년 여름이 되면 누군가 목숨을 잃거나 실종되는 물놀이 사고가 발생합니다. 연간 적게는 60여 건에서 많게는 100건 이상 발생하지요. 이는 실종과 사망만 따진 경우이니 크고 작게 다치는 경우를 포함하면 그 수는 훨씬 많아집니다. 그 중 10세 미만의 아이들이 겪는 사고는 전체의 약 10% 정도라고 알려져 있습니다. 장소를 보면 하천이나 계곡에서 다치는 경우가 가장 많고(약 60%), 해수욕장이나 바다에서 다치는 경우가 25%가량이었습니다. 대부분은 물놀이를 하는 도중에 넘어지거나 부딪혀서 찰과상이나 타박상을 입은 경우라 간단한 상처 처치만 받고 금방 귀가하게 됩니다. 하지만 파도나 강물에 휩쓸려 바위나 자갈에 충돌하거나, 다이빙을 하거나 혹은 물놀이 기구에서 놀다가 골절과 같은 큰 외상을 입는 경우도 있습니다. 이렇게 다치더라도 의식을 잃지 않고 주변에서 도움을 금방 받을 수 있다면 대부분 치료를 받고 회복할 수 있지만, 그렇지 못한 경우에는 의식을 잃고 물에 빠지는 불행한 일이 생길 수도 있지요.

물놀이 사고의 가장 큰 특징은 안전 수칙을 제대로 지키지 않았거나, 수영 미숙 등 개인의 부주의로 생기는 경우가 대부분이라는 점입니다. 아마 아이들도 마찬가지겠지요. 하지만 물에서 신나게 놀 생각에 들뜬 아이에게 주의사항을 아무리 떠들어봐야 쇠귀에 경 읽기입니다. 그러니 다른 곳에서도 마찬가지이지만 물이 있는 곳에서는 특히 어른들이 더 주의를 할 수밖에요.

물놀이를 할 때 주의해야 할 것들

☑ 아이들의 몸 상태를 수시로 살펴보세요.

물놀이는 에너지 소모가 큰 활동입니다. 따라서 아이들의 컨디션도 갑작스레 변할 때가 많아 어른들이 주의 깊게 챙겨야 합니다.

배가 너무 고프거나 부른 상태에서 물놀이는 피하는 것이 좋습니다. 물놀이는 쉽게 지치기 때문에 평소라면 쉽게 빠져 나올 상황에서도 위험에 빠질 수 있습니다. 반대로 배부른 상태에서 물놀이를 하면 자칫 소화 장애가 발생할 수 있지요. 허기를 가실 정도의 상태에서 물놀이를 시작하고, 가벼운 간식을 준비해서 틈틈이 기력을 보충해주는 것이 좋습니다. 먹을 것을 입에 넣은 채 물놀이를 하는 것은 반드시 피해야 합니다. 혹시라도 호흡이 불편한 상황이 되었을 때 음식물이 기도를 막거나 호흡을 방해할 위험이 있으니 입에 있는 음식을 꼭 다 먹고 물에 들어가도록 해주세요.

물놀이를 하는 도중에도 아이의 몸 상태를 계속 살펴주세요. 물놀이는 생각보다 열량 소모가 많고, 또 바람이나 수온 때문에 체온도 쉽게 떨어질 수 있습니다. 하지만 아이들은 계속 놀고 싶다는 마음이 앞서다 보니 자기의 상태를 어른들에게 제대로 이야기하지 않지요. 입술이 파래지거나 몸을 과하게 떨지는 않는지, 처음보다 행동이 둔해 보이거나 지쳐 보이지는 않는지 틈틈이 살펴야 합니다. 기억해주세요. 아이들은 '피로감'이라는 것이 무엇인지 잘 알지 못합니다.

☑ 아이들이 노는 곳의 물의 깊이와 온도를 미리 확인하세요.

가장 먼저 살펴야 할 것은 당연히 물의 깊이입니다. 많은 어른들이, 아이들이 서서 입과 코가 나올 수 있는 정도의 깊이라면 안전할 거라고 생각합니다. 하지만 그건 물속에서도 몸을 잘 가눌 수 있는 어른들의 이야기지요. 균형을 잃고 넘어진 아이의 얼굴이 물속에 잠기는 정도의 깊이만 되어도 사고는 충분히 생길 수 있습니다. 당황하여 손발을 허우적거리다 몸을 제대로 일으킬 수 없는 경우가 생기니까요. 그러니 물살이 없는 수영장이라면 아이의 배꼽 이상, 물살이 있는 계곡과 바다의 경우 아이의 무릎 이상의 깊이라면 적절한 안전 장비를 착용하게 하고 어른들은 아이들을 주의 깊게 살펴야 합니다.

장소에 따라서 아이들이 편안하게 놀 수 있는 온도와 수질을 유지하고 있는 곳들도 있지만, 그렇지 못한 곳도 많이 있습니다. 물놀이를 하고 싶을 정도의 날씨라면 어느 정도의 찬물은 마냥 시원하게만 느껴지겠지요. 하지만 아무리 더운 날씨라고 하더라도 체온보다 낮은 온도의 물에서 오래 놀다 보면, 체온은 서서히 떨어지기 마련입니다. 더구나 바람이 부는 실외라면 더 빨리 떨어지지요. 그러니 물의 온도가 어느 정도인지 미리 살펴두어야 아이들을 언제 쉬게 할지 계획을 세울 수 있습니다.

☑ 안전 장비는 제대로 착용하는 것이 중요합니다.

요즘은 구명조끼와 같은 안전 장비 없이는 놀 수 없도록 하는 물놀이 장소가 많습니다. (대환영입니다!) 그런 곳에서는 대부분 장비를 빌릴 수 있습니다만, 요즘은 아이에게 맞는 안전 장비를 직접 준비하기도 합니다.

구명조끼를 바르게 착용하면 행여나 의식을 잃고 늘어져도 머리와 목이 충분히 물에 떠서 호흡을 유지할 수 있습니다. 이를 위해서는 조끼를 입었을 때, 어깨 부분이 들뜨지 않고 몸에 밀착해야 하고, 가슴과 배 부분의 버클을 단단히 조여야 합니다. 또 다리 사이로 통과하는 끈은 반드시 잘 채워야 합니다. 이 끈을 채우면 조끼의 부력 때문에 끈이 다리 사이에 껴서 불편하기 때문에 아이들이 잘 하지 않으려고 하지요. 하지만 이걸 소홀히 하면 아이들이 물에 빠졌을 때, 구명조끼가 아이들의 머리 위로 쏙 빠져서 제 기능을 못할 수 있습니다.

물놀이 장소에선 공이나 튜브같이 공기를 넣어 부풀리는 놀이기구를 많이 가지고 놉니다. 이런 기구는 아이들이 제법 깊은 곳까지 들어갈 수 있는 용기를 내게 해주지요. 하지만 이런 놀이기구는 안전 장비가 아니라는 사실을 잊으면 안 됩니다. 찬물에 들어가면 튜브 속의 공기가 수축하여 부력이 줄어들 수도 있고, 다리를 끼우고 타는 튜브의 경우 뒤집어졌을 때 빠져나오기 어려워 더 위험한 상황을 만들기도 합니다.

☑ 해양 경찰이나 관공서에서 알리는 주의 사항에 따르도록 합시다.

실내 수영장이나 워터파크라면 큰 문제는 아니지만, 바다와 계곡처

럼 열린 공간이라면, 물놀이를 하는 환경이 계속 변할 수 있습니다. 이런 경우 해당 지역의 해양 경찰이나 관공서에서 알리는 주의 사항에 귀를 기울이는 것이 큰 도움이 됩니다. 이런 알림을 통해 바다나 계곡의 상태, 급작스러운 날씨 변화, 해파리와 같은 위험한 해양 생물의 출현 등에 대해서 알 수 있지요. 그러니 그런 정보를 접하면 절대 무시하지 마시고 꼭 지시에 따라주세요. 하지 말라고 하는 일을 하지 않으면 사고의 위험은 확 줄어듭니다.

☑ 사자의 눈(!)으로 아이들을 지켜봐주세요.

제가 계속 말씀드리지만, 물놀이 장소에서는 특히 더욱 무리를 지키는 사자의 눈으로 아이들을 지켜봐야 합니다. 물놀이 장소는 위험 요소가 많고, 아이들의 '주의력'을 믿기에는 아이들이 너무 신이 나 있는 경우가 많습니다.

지금 애들 물에 넣어 놓고 휴대전화에 눈이 가십니까!

물놀이를 하다가 물에 빠졌을 때

어른들이 주의를 기울이고 안전요원이 있어도 간혹 물에 빠지는 사고가 일어나기도 합니다. 아이는 어른들이 보기에는 별로 깊지 않은 곳에서도 순간 몸의 균형을 잃고 허우적거릴 수 있습니다. 아주 잠깐 동안에 말이지요. 대체로는 물 좀 먹고 캑캑거리는 정도로 그치지만, 간혹 물속에 오래 있어서 호흡이 멈추거나 심정지가 오는 경우도 있습니다.

물에 빠져서 의식을 잃은 아이를 발견했다면 큰 소리로 주변에 알리고 도움을 요청해야 합니다. 그리고 아이를 물에서 꺼낸 후, 바로 심폐소생술을 실시해야 합니다. 주변에 다른 사람이 없어 119에 신고를 해야 하는 상황이더라도, 일단 심폐소생술을 먼저 실시한 후에 119에 신고합니다.

보통 어른의 심정지는 급성 심근 경색이나 부정맥처럼 심장의 문제로 발생할 가능성이 높기 때문에 빨리 병원으로 옮겨 치료를 받게 하는 것이 중요합니다. 그래서 성인 환자의 경우, 옆에 도와줄 사람이 없다면 일단 119에 먼저 연락을 하고 심폐소생술을 하라고 권합니다. 하지만 아이들이나 물에 빠진 사람은 호흡을 제대로 하지 못해 심정지가 발생하는 경우가 대부분이죠. 그래서 이때는 일단 인공호흡을 포함한 심폐소생술을 먼저 2분 정도 한 후에 119에 신고하여 도움을 요청해야 합니다.

환자를 바닥에 눕히고 상태를 확인합니다. 가볍게 흔들어보아도 호흡과 움직임이 없다면 즉시 가슴 압박 30회를 한 후 호흡 불어넣기 2회를 합니다. 호흡을 불어넣을 때에는 턱과 머리를 뒤로 젖힌 후, 한 손으로 코를 막고 내 입으로 상대의 입을 완전히 덮어야 하는 것을 명심하세요. 이와 같은 가슴 압박과 호흡 불어넣기를 계속 반복합니다. 언제까지? 구급대원이 도착하거나 환자가 움직임이나 호흡을 보일 때까지 계속해야 합니다. 간혹 TV에서 물에 빠진 사람의 배를 누르는 모습을 보여주는데요, 이는 오히려 환자에게 더 해를 끼칠 수 있기 때문에 피해야 합니다.

뒤에서 자세히 이야기하겠지만 심폐소생술은 단순히 이론적으로 그 방법을 안다고 해서 할 수 있는 것이 아닙니다. 하지만 간단한 교육으로도 효과적으로 할 수 있는 응급 처치이기도 합니다. 이 기회에 내 가족의 안전을 위해서 가족 모두 함께 교육을 받아보시는 걸 적극 권유하고 싶습니다.

잊지 맙시다!

1. 물놀이 전과 도중에 수시로 아이의 몸 상태를 살펴주세요.
2. 수온이 좀 낮은 경우에는 자주 물 밖에서 쉬면서 체온을 유지할 수 있도록 해주세요.
3. 아이의 배꼽 정도 깊이의 물에서도 익수 사고는 생길 수 있습니다.
4. 몸에 맞는 구명조끼를 착용하고 다리 끈은 꼭 매주세요.
5. 해경과 지역 관공서가 알리는 내용을 꼭 지킵시다.
6. 안전한 물놀이를 위해 미리 응급 처치법을 배워 두는 것은 어떨까요?

뜨거운 여름, 더위 먹는 아이들

5장

온열 질환 예방

여름철 온열 질환이란?

매년 여름이면 '유례없는 폭염'이라는 기사가 연일 보도되곤 하지만 2018년 여름의 더위는 정말 상상 초월이었습니다. 에어컨을 틀지 않고는 밤에도 잠을 이룰 수가 없었고, 간만에 아이와 노는 날에도 행여나 아이가 더위라도 먹을까 봐 집 근처 놀이터에 나가는 것도 꺼려지더군요. 하지만 더위의 위력을 제대로 실감할 수 있었던 것은 응급실로 연일 밀려드는 온열 질환 환자들 때문이었습니다. 한낮의 더위가 워낙 심하다 보니, 낮에 길을 걷다가 더위를 먹어서 쓰러지는 분들이 응급실로 실려 올 정도였으니까요.

온열 질환이라는 이름이 거창해 보이지만 따지고 보면 그냥 '더위를 먹어서' 생기는 증상들을 이야기합니다. 우리 몸은 날씨가 더워지면 피부의 혈관을 확장하고 땀을 흘려 체온이 올라가지 않도록 조절합니다. 하지만 이런 기능에 문제가 생기거나 조절할 수 없을 만큼 몸에 열이 쌓이면 체온이 올라가면서 다양한 증상을 일으키지요. 그저 지쳐서 몸을 가누기 어렵거나 다리에 쥐가 나는 가벼운 증상에서 그치기도 하지만, 구토나 두통, 심하게는 기절을 하거나 경련을 일으키면서 정신을 완전히 잃을 수도 있습니다.

더운 곳에서 활동을 과하게 한 경우, 밥 먹을 힘도 없을 정도로 지치는 경험을 하기도 합니다. 이런 증상을 '열탈진'이라고 부르는데요, 온몸에 힘이 없으면서 손을 꼼짝할 수 없을 정도의 피로감이 주 증상이며 심할 경우 메슥거리면서 토하기도 합니다. 아이들이 더운 날 야외활동을 하고 난 후, 자꾸 자려고 하면서 힘들어하면 열탈진일 수 있습니다. 어른들이 보기에는 체온은 정상인 경우가 대부분이라 그냥 피곤한가 보다 하고 지나치기 쉽습니다.

전신적인 무력감과 함께 심한 근육 경련이 발생하는 경우도 있습니다. 땀을 많이 흘리면서 몸의 수분과 전해질이 부족해져서 생기는 증상입니다. '열경련'이라 부르는 이 증상은 대부분 휴식을 취하고 경련이 생긴 부위를 주물러주면 나아지지만, 열탈진과 함께 나타날 수 있고 조금 나아졌다고 다시 움직이면 재발하는 경우가 많아서 주의할 필요가 있습니다. 아이들의 경우 열탈진 없이 경련 증상만 나타나는 경우는 많지 않지만 뜨거운 태양 아래에서 놀던 아이가 쥐가 나서 힘들어할 경우 온열 질환의 하나일 수 있다는 것을 염두에 두고 필요한 처치를 해야 합니다.

아이들이 더운 곳에서 놀다가 어지러워하거나 잠시 쓰러졌다가 정신을 차리는 경우가 생길 수 있습니다. 더위에 지쳐 이미 힘이 드는데도 그걸 무시하거나 알아차리지 못하고 계속 움직일 경우 이런 증상을 보일 수 있지요. 이를 열탈진과 구별하기 위해 '열실신'이라고 부르기도 합니다. 열실신은 처음 증상이 생겼을 때 잘 처치하면 큰 문제를 일으키지는 않지만, 흔히 '열사병'이라 부르는 가장 심한 단계의 온열 질환으로 진행하는 중간 단계일 수 있어서 병원에서 검사와 처치를 받는 것이 좋습니다. 열실신은 정신을 잃는 단계까지 가기 전에 두통이나 자세를 바꿀 때 심해지는 어지럼증 같은 증상을 보일 수 있습니다. 아이들이 이런 증상을 보일 경우 즉시 야외 활동을 멈추고 시원한 곳에서 쉬면서 응급 처치를 해야 합니다.

온열 질환 중에서 의사들이 가장 두려워하는 '열사병'은 높은 온도 때문에 우리 몸의 체온 조절 기능이 제대로 작동하지 못해서 생깁니다. 앞에서 말씀드린 온열 질환들과는 다르게 높은 온도가 뇌에 영향을 미쳐서 신경학적 증상을 나타내는 것이 특징이지요. 처음에는 경우에 맞지 않는 말과 행동을 하거나 환각 증상을 보일 수 있으며, 심한 경우 의식이 떨어지거나 아예 혼수상태에 빠지기도 합니다. 열사병은 높은 온도 때문에 몸 안의 장기가 많이 손상된 상태이기 때문에 병원에서 치료를 받는다 하더라도 사망에 이르는 경우가 많습니다. 따라서 열사병으로 의심되는 증상을 보일 경우 즉시 119를 통해 병원으로 옮겨서 치료를 받도록 해야 합니다.

어린이 온열 질환에서 우리가 기억해야 할 것들

사실 온열 질환을 앓는 아이들이 그렇게 많지는 않습니다. 온열 질환의 발생 여부를 감시하고 있는 질병관리본부의 자료를 보아도, 2011년부터 2017년까지 응급실로 온 약 8000명의 온열 질환 환자 중에서 9살 이하의 어린아이들은 50명에 불과하니까요. 이 나이의 아이들이 어른들의 보살핌 없이 더위에 노출되는 일은 많지 않기 때문일 것입니다. 반면 지병이 많고 체력이 약한 노인들이 온열 질환에 더 취약합니다.

하지만 아이들은 신경계가 아직 완전히 여물지 못했기 때문에 일단 온열 질환에 걸리면 어른들에 비해 매우 나쁜 결과를 초래할 수 있습니다. 아이들은 체온을 조절하는 능력이 충분히 발달되어 있지 않고 몸 안의 수분의 양도 어른에 비해 적습니다. 또한 더위를 느낄 때 이를 해결하는 법도 잘 모릅니다. 키가 작다 보니 땅에서 올라오는 열기가 머리와 얼굴로 더 잘 전달되기도 하지요. 이런 이유 때문에 어른에 비해 더위에 더 약하고, 혼자 이겨낼 수 있는 능력이 상대적으로 떨어질 수밖에 없습니다.

게다가 아이들은 자신이 더위를 먹었는지 잘 모릅니다. 놀이에 대한 아이들의 욕망과 집중력이 아이들을 자라게 하는 것이겠지만 바로 이런 특성이 아이들의 건강을 해치기도 합니다. 어른들이라면 더워서 에어컨을 찾는 날씨에도 태양 아래에서 뛰는 것을 주저하지 않으니까요. 그렇기 때문에 더운 환경에서 아이들이 야외 활동을 할 경우 괜찮다는 아이의 말을 믿어서는 안 됩니다. 힘들어하는 모습을 보이면 빨리 서늘한 곳으로 아이를 옮겨서 상태를 지켜보세요.

더운 날에는 물을 자주 마시고 평소보다 더 자주 휴식을 취해야 합니다. 이때 갈증을 느끼지 않더라도 물을 조금씩 계속 마시는 것이 중요합니다. 하지만 당분이 많은 음료는 목을 더 마르게 할 수 있어서 피하는 것이 좋습니다. 아이들이 맹물을 잘 마시려고 하지 않을 때에는 음료와 물을 섞어서 가능한 한 묽게 만들어 먹이는 것도 한 방법입니다.

아이의 증상이 온열 질환의 증상인지, 다른 병 때문에 열이 나는 것인지 구별하기 어려울 수 있습니다. 밖에서 놀고 들어온 아이가 약간 열이 나면서 힘들어할 경우, 감기나 몸살 정도로 생각하기 쉽습니다. 이런 경우 그냥 쉬게 하거나 해열제만 줄 경우 아이의 증상이 더 나빠질 수 있습니다. 그러니 (꼭 폭염주의보가 내린 날이 아니라도) 제법 더운 날에 아이가 야외 활동을 많이 했다면 온열 질환의 가능성을 염두에 두고 아이의 상태를 살펴야 합니다.

온열 질환과 관련하여 특히 강조하고 싶은 것이 있습니다. 앞서 차량 안전에서도 말씀드렸지만, 아이들을 절대 더운 곳에 혼자 두지 마세요! 해외뿐만 아니라 우리나라에서도 더운 날씨에 차량 안에 혼자 남겨진 아이가 열사병으로 목숨을 잃은 경우가 종종 있었습니다. 더운 날 자동차 내부의 온도는 바깥 온도보다 훨씬 더 높이 올라갈 수 있고, 심지어 창문을 약간 열어놓는다고 하더라도 마찬가지입니다. 또 외부 온도가 30도 정도라면 차 안의 온도가 약 50도까지 올라가는 데 불과 5분 정도밖에 걸리지 않기 때문에 에어컨을 강하게 틀었다가 막 끈 차라고 하더라도 위험하기는 마찬가지입니다. 명심하세요. 50도면 아이들이 열사병에 걸리기 충분한 온도라는 것을요.

온열 질환이 의심되면 어떻게 할까요?

잘 쉬고, 잘 마시게 하고, 곁에서 지켜본다면 온열 질환은 대부분 예방할 수 있습니다. 하지만 세상에 100%는 없는 법. 혹시 우리 아이가 온열 질환일 가능성이 있다면 어떻게 대처해야 할까요?

온열 질환에서 가장 중요한 것은 열사병일 가능성이 있는지를 보는 것이고, 열사병의 가장 중요한 증상은 의식의 변화가 생기는 것입니다. 혼란스러운 모습을 보이거나 상황에 적합하지 않은 말과 행동을 하는 경우, 또 의식이 떨어져 잘 깨지 못하거나 소리와 자극에 반응하지 않는다면 열사병을 의심하고 즉시 119에 신고를 해야 합니다.

119에 신고하여 정확한 위치를 알려준 후에는 가능한 한 냉방이 되는 장소, 혹은 그늘진 장소로 바로 옮겨야 합니다. 몸에 물을 뿌리거나 젖은 수건으로 감싼 후 부채나 선풍기 등으로 바람을 일으켜 체온을 떨어뜨려야 합니다. 얼음을 구할 수 있다면 수건 등으로 싸서 겨드랑이와 사타구니에 대주는 것도 한 방법입니다. 의식이 떨어진 경우 억지로 물이나 음식을 먹여서는 안 됩니다. 자칫 호흡기로 넘어가 숨쉬기를 방해하거나 폐렴을 일으킬 수 있습니다.

의식이 떨어지지 않았거나 금방 깨어났다면 다행히 열사병은 아닙니다. 이때도 마찬가지로 그늘지고 시원한 장소로 옮긴 후, 옷을 벗겨 열이 빠져나가도록 도와주세요. 냉수 혹은 이온 음료 등을 충분히 마시도록 해주세요. 500cc 생수 한 병에 소금 반 티스푼 정도를 섞어 마시도록 하면 수분과 함께 전해질을 보충하는 데 도움이 됩니다. 한꺼번에 너무 많이 마시면 토하거나 사레가 들릴 수 있으니 조금씩 자주 먹도록 해주세요. 시원한 물에 샤워를 하거나, 욕조에 물을 받아 몸을 담그고 있게 하는 것도 응급 처치의 한 방법입니다. 다만 오한을 느낄 경우에는 즉시 중단해야 하며, 곁에서 다른 증상이 생기지 않는지 계속 지켜봐야 합니다.

한 시간 정도 지켜본 후에도 증상이 지속된다면 반드시 병원에서 진찰을 받도록 해주세요. 정맥 주사를 통해 수분을 보충하면서, 몸에 다른 이상은 없는지 확인해볼 필요가 있습니다.

잊지 맙시다!

❶ 아이들은 자기가 더위를 먹었는지 잘 모릅니다. '괜찮다'는 말을 믿지 말고 아이의 상태를 중간중간 살펴주세요.

❷ 두통, 어지럼증, 오심이나 구토 그리고 식욕 부진과 심한 땀 흘림 모두 온열 질환의 초기 증상일 수 있습니다.

❸ 잦은 휴식과 수분 섭취는 온열 질환 예방의 기본입니다.

❹ 아이를 절대 더운 곳에 혼자 두지 마세요. 단 5분도 위험합니다.

❺ 온열 질환의 응급 처치를 알아둡시다.

4부

부모를 위한 응급실 사용설명서

응급실에는 수많은 환자들이 옵니다. 그 중 열에 세 명 정도는 입원을 하고 나머지 분들은 증상이 나아지거나 적절한 처치를 받고 집으로 돌아가지요. 아이들도 비슷합니다. 울고 칭얼거리는 아이들을 살피는 것이 쉬운 일은 아니지만, 전 그래도 소아 환자를 좋아하는 편입니다. 그렇게 심하게 울던 아이가 치료를 받고 금방 회복되는 모습이 신기하기도 하고 보람도 있습니다. 하지만 반대로 심하게 다치거나 아픈 아이들을 보는 것은 참 힘듭니다. 아마 아픈 아이의 모습에서 제 아이의 모습을 보고, 그 곁에 서 있는 부모의 마음이 그대로 느껴져서 그런 듯합니다.

앞에서 아이들이 다치고 상하지 않기 위해 우리가 함께 조심해야 할 것들을 이야기했습니다. 하지만 우리 아이들이 병원을 가야 할 상황을 모두 막을 수는 없습니다. 우리도 아프고 다치고 회복하면서 이렇게 어른이 된 것이 아니던가요. 사실 무섭고 두려운 일을 약간은 겪어봐야 조심성이 생기는 것 같기도 합니다.

하지만 막상 아이가 다치면 집에서 어떻게 해야 할지, 응급실을 가야 할지 말아야 할지, 어디에 물어봐야 할지 난감한 경우가 많습니다. 낮에 벌어진 일이라면 병원 가는 게 상대적으로 쉽지만 한밤중에 아이가 아프면 고민은 더 커지지요. 응급실에 가자니 이 밤중에 애만 고생시킬 것 같고, 가지 말자니 혹시라도 때를 놓치는 것은 아닌지 걱정이 되지요. 정작 응급실에 가서도 정신없이 움직이는 의료진에게 제대로 물어볼 엄두도 잘 나지 않습니다.

응급실을 갈 상황이 안 생기는 것이 가장 좋겠지만, 혹시라도 가야 할 때는 어떻게 하면 좋을까요? 그리고 긴급한 상황에서 부모가 할 수 있는 응급 처치에는 어떤 게 있을까요?

부모를 위한 응급실 사용설명서

1장

응급실

아이를 데리고 응급실에 가본 적이 있으신가요? 가셨다면 어떠셨나요? 잘 치료받고 감사 인사를 하고 나온 경우도 있겠지만, 긴 대기 시간과 상대적으로 짧은 진료 시간 때문에 마음이 불편했던 분들도 많을 겁니다. 거기다 병원비는 또 왜 그리 많이 나오는지. 겨우 아이를 달래 응급실을 나설 때면 마음 속 저 깊은 곳에서는 이런 목소리가 들려올지도 모릅니다. '그냥 아침까지 기다렸다 근처 병원으로 갈걸. 내가 다시는 응급실에 오나 봐라.'

네, 맞습니다. 응급실은 사실 아이들을 데리고 올 만한 공간은 아닙니다. 감염 질환을 가진 환자가 있기도 하고, 긴급하고 중한 환자가 들이닥쳐 모든 의료진이 그곳으로 달려가 버리기도 합니다. 그럴 때면 칭얼거리는 아이를 안고 기약 없이 기다려야 하지요. 부모 입장에서는 내 아이가 가장 급하지만, 열이 많이 나거나 부딪힌 정도는 응급실에서는 다른 환자에 비해 덜 급한 환자로 여겨지는 것도 사실입니다.

응급실에 갈까 말까?

대부분의 부모들은 '아이가 평소와 뭔가 다르다'는 것을 쉽게 알아차릴 수 있습니다. 하지만 이럴 때 어떻게 해야 할지 모르는 경우가 대부분이라 일단 둘러업고 응급실로 달려가게 되지요. 사실 잘 모르겠다 싶은 경우에는 병원에 가서 의사와 함께 아이의 상태를 확인해 보는 것이 가장 좋은 방법이긴 합니다.

그런데 때로는 집에서 좀 지켜봐도 되는 경우와 병원으로 달려가야 하는 경우를 판단하기 어려울 때가 있습니다. 이럴 때 누군가에게 조언을 구할 수 있으면 참 좋을 텐데 말이지요.

일을 하다 보면, 응급실로 직접 전화를 해서 아이의 상태를 설명하고 의견을 구하는 분이 꽤 있습니다. 급할 때 이런 방법으로 도움을 받을 수 있긴 합니다만 크게 권하고 싶지는 않습니다. 의학적인 의견을 드릴 수 있는 경우도 있지만, 전화상으로는 아이의 상태를 정확하게 알기 어려워 "그냥 병원으로 오세요."라고 답하는 경우가 더 많거든요.

그리고 응급실이라는 곳이 워낙 바쁘다 보니 자세히 통화할 시간을 내기도 쉽지 않습니다.

119에 전화를 해볼 수도 있습니다. 119의 주요 업무는 아니지만 급한 경우 구급 요원에게 간단한 의학 상담을 받을 수 있습니다. 만약 전문적인 도움이 필요할 경우, 지역에 따라서는 구급대원들과 함께 일하는 '지도의사'라는 분들과 통화하면서 도움을 받을 수도 있습니다. 상담 결과 상황이 급박하다면 바로 구급대 출동을 요청할 수도 있지요. 하지만 119의 주 업무가 '상담'은 아니니 일반적인 의학 상담은 피하는 것이 좋습니다.

아이와 이대로 밤을 지새우는 것이 힘들 때는 주변의 병원 중 야간 진료를 하는 곳이나 달빛어린이병원, 혹은 소아응급실을 가는 것도 한 방법입니다. 달빛어린이병원은 야간에 아픈 아이를 위해 365일 연중무휴로 밤 12시까지 진료를 합니다. 소아청소년과 전문의가 상주하고 있어 영유아를 둔 부모들에게는 좀 더 편하지 않을까 싶습니다. 다만 아직까지 그 수가 많지는 않기에 관련 사이트(moonlight.e-gen.or.kr)에서 미리 근처 달빛어린이병원의 위치와 전화번호를 확인해두시면 좋겠습니다. 혹시 집 근처에 소아응급실이 있다면 이곳도 미리 알아두세요. 아무래도 일반 응급실보다는 분위기가 아이들에게 한결 편안하고, 역시나 소아청소년과 전담 의사가 상주하고 있다는 장점이 있습니다.

평소에 주변 병원의 위치와 전화번호 등은 휴대전화와 내비게이션 즐겨찾기에 미리 저장해놓고, 집에서도 잘 보이는 곳에 붙여놓는 것이 좋습니다. 마음이 급하면 손도 떨리고 평소에 잘 알고 있던 것도 갑자기 생각나지 않을 수 있으니까요.

우리 집 주변에 어떤 의료 기관이 있는지 잘 모를 때는 중앙응급의료센터에서 운영하는 응급의료포털(www.e-gen.or.kr/egen/main.do)을 방문해보세요. 인근 병원뿐 아니라 응급실도 함께 찾아볼 수 있어서 저도 유용하게 사용하고 있습니다. 더구나 이 홈페이지에는 응급 처치에 대한 좋은 정보들도 많이 있으니 평소에 한번 살펴보는 것도 나쁘지 않을 것 같네요. 휴대전화 어플리케이션으로도 나와 있습니다.

이럴 때는 집에서 좀 더 기다려 보는 것도 방법입니다

가끔은 집에서 간단한 처치만 할 수 있으면 굳이 응급실에서 고생을 하지 않아도 될 것 같아 아쉬울 때가 있습니다. 중환자 때문에 처치가 늦어져서 기다리다 지친 아이들을 보면 그런 마음은 더합니다. 그러니 이럴 때는 집에서 조금 시간을 보내고 집 근처 병원이 여는 시간까지 기다려보는 것은 어떨까요?

피가 나는 상처는 대부분 꾹 눌러서 지혈만 할 수 있다면 당장 응급실로 달려갈 필요는 없습니다. 꿰매야 하는 상처라도 얼굴은 하루 정도, 손발도 6~12시간 내에 처치를 받으면 대부분 당장 봉합하는 것과 큰 차이는 없습니다. 물론 집에 이런 상처를 처치할 간단한 물품은 가지고 있어야 하겠지요. 상처를 흐르는 수돗물에 깨끗하게 씻은 후, 깨끗한 거즈로 덮고 압박 붕대로 가볍게 감습니다. 긁힌 상처에는 거즈보다는 비접착성 드레싱(폼 재질의 드레싱 용품)을 붙이는 것이 더 좋습니다.

부딪혀서 아파할 때에는 일단 아이가 좋아하는 만화 영화나 동영상으로 잠시 주의를 돌려보세요. 다친 부위를 움직이는 데 무리가 없거나 걸어 다닐 수 있다면 집에서 잠시 지켜볼 만합니다. 다음 날 아침에도 아파하면 병원에 가면 됩니다.

아이 입안이 다쳐서 응급실에 오는 경우가 의외로 많습니다. 아이가 울면서 입에서 피를 흘리기 때문에 상처의 크기와 상관없이 크게 놀랄 수밖에 없지요. 입안 상처에서 나는 피는 침과 섞이면서 실제보다 훨씬 많아 보입니다. 그러니 너무 놀라지 마시고 거즈나 깨끗한 천으로 입 주위를 닦으면서 상처를 확인해주세요. 그다음 거즈로 상처 부위를 누르면서 잠시 아이를 달래야 합니다. 입안과 입술은 우리 몸에서 회복이 가장 빠른 부분입니다. 그래서 응급실에 오더라도 출혈이 멈추기를 기다렸다가 상처를 살핀 후 봉합 없이 집으로 돌아가는 경우가 많지요. 그러니 입안에 상처가 난 경우에는 지혈을 하며 잠시 기다렸다가 피가 잘 멎었다면, 해가 뜬 후 치과를 방문해서 상처를 살피고 치아 손상 여부를 확인하면 됩니다. 하지만 피가 계속 나고 상처 부위를 확인하기 어렵다면 당연히 응급실로 가야 합니다.

한밤중에 갑자기 열이 나서 응급실에 오는 아이들도 참 많습니다. 낮에는 잘 뛰어다녔는데 밤에 재우려고 보니 열이 오르며 칭얼거려 우리를 당황하게 하지요. 이럴 때도 병원에 당장 가야 하나 말아야 하나 고민이 됩니다. 이때 가장 중요한 것은 아이의 전반적인 상태입니다. 이마가 뜨끈할 정도로 열이 나는데 아이는 잘 놀고 있다면, 이럴 때는 평소보다 물을 많이 먹이고 옷을 한 겹 정도 벗겨서 아이의 상태를 지켜볼 수 있습니다. 열이 나면서 아이가 처진다 싶을 때는 나이와 체중에 맞는 용량의 해열제를 먹이고 쉬게 합니다. 다만 열이 40도를 넘거나 열성 경련을 할 경우, 심하게 처져서 먹지 않고 자려고만 하는 경우, 생후 12개월 이하의 영아가 열이 나는 경우에는 근처 응급실로 빨리 방문하는 것이 좋습니다.

토하거나 설사를 할 때도 아이의 의식이 뚜렷하고, 먹고 마시는 데 큰 이상이 없으면 시간을 두고 아이를 살펴보셔도 됩니다. 아이들은 아직 장을 조절하는 기능이 완전히 발달하지 않았고 음식에 대한 적응이 덜 되어 있어서 설사나 구토와 같은 문제가 생기기 쉽습니다. 대부분은 기능성 장 질환으로 탈수만 막아주면 좋아지지요. 물을 조금씩 자주 먹이면서 부드러운 식사를 하는 것만으로도 하루 이틀 내에 회복을 합니다. 좀 걱정이 된다면 다음 날 소아과를 방문하는 것도 좋습니다. 하지만 입과 혀가 말라 있고 구토 때문에 먹고 마시는 것이 힘들 때, 그리고 열과 동반한 설사가 있을 때에는 응급실로 오셔야 합니다.

이럴 때는 얼른 응급실로 오세요!

응급실로 가야 할지 말아야 할지 잘 몰라 불안하고, 아이의 상태가 평소와 많이 다르다면 응급실로 가는 편이 낫습니다. 아이의 평소 모습을 누구보다도 잘 아는 사람이 부모입니다. '우리 아이가 이상하다!'는 생각이 들면 움직이는 편이 낫습니다. 응급실에 갔는데 별거 아니었다면? 그러면 다행인 거죠. 괜찮다는 걸 확인했으니 됐습니다.

아이가 열이 나거나 아니면 다쳤는데 어딘가 평소와는 다른 모습을 보일 때, 특히 숨이 가쁘거나 피부색이 창백하고 파랗게 보이면 바로 응급실로 가야 합니다. 아이가 늘어지거나 경련을 보일 때도 응급 상황입니다. 아이들의 신경계는 꾸준히 성장하지만, 그 대신 아직 불안정합니다. 그래서 열이 나거나 외상을 입으면 의식이 떨어지거나 부들부들 떠는 모습을 보이기 쉽습니다. 아이가 식사 시간을 거르고 잘 일어나지 않고 보채며 자꾸 늘어지면 꼭 응급실로 데리고 와야 합니다. 머리를 다친 아이가 늘어지면서 구토를 하는 경우 심한 뇌진탕이 있거나 머리 안에 손상이 있을 수 있어서, 병원에서 빨리 확인을 해봐야 합니다. 미끄럼틀에서 떨어진 아이가 처음에 좀 울다가 잠이 들었다고 안심했다가, 나중에 잘 깨지 않고 칭얼거려서 병원에 데리고 왔더니 뇌출혈을 진단받은 경우도 있었습니다.

외상인지 질병인지에 상관없이 아이들이 계속 아프다면서 칭얼거리고 울면 자세한 검사가 필요합니다. 다친 경우라면 근육이나 뼈에 손상이 있을 수 있고 질병의 경우라면 무언가 아이를 아프게 하는 것이 점점 심해지고 있다는 증거일 수 있으니까요.

다친 부위를 움직이지 못하거나, 피가 멎지 않는 경우에도 당연히 병원에 가봐야 합니다. 어린아이들은 자신의 증상을 제대로 표현하지 못하고, 좀 자란 아이들은 겁을 먹었거나 병원에 가기 싫어서 혹은 부모에게 혼날까 봐 자신의 증상을 잘 이야기하지 않는 경우가 많습니다. 이럴 때에는 반짝이는 물건이나 사탕, 아이가 좋아하는 영상을 이용해서 아이의 주의를 다른 곳으로 돌리면서 다친 부위를 만져보거나 조심스럽게 움직이면서 반응을 살펴보세요. 그런 상태에서도 손을 치우거나 울면서 보채는 경우에는 어서 병원으로 와주세요. 일 년에 한두 번은 어른의 눈을 피해 끙끙거리며 앓다가 하루쯤 뒤에 병원에 와서 골절 진단을 받는 아이를 만나고는 합니다.

아이가 차에 치였거나 카시트에 앉지 않은 채 차에 타고 있다가 사고가 난 경우에는 특별한 이상이 없더라도 병원으로 가야 합니다. 최근에 저희 아이와 같이 TV를 보는데, 길을 가다가 차에 치일 경우 도망가지 말고 엄마나 아빠에게 연락하고 병원에서 진찰을 받아야 한다는 이야기가 나오더군요. 아이들을 위해 꼭 필요한 내용입니다. 간혹 아이가 차에 치인 피해자임에도 불구하고 부모에게 혼날까 봐, 혹은 그 상황을 피하고 싶어서 현장에서 도망가거나 부모에게 알리지 않는 경우도 있습니다. 물론 그럴 때는 어른인 운전자가 당연히 아이의 보호자에게 연락하고 병원으로 데리고 가야겠지요.

사실 보호자와 함께 응급실에 걸어 들어온 교통사고 환아들을 진찰해보면 크게 다치지 않은 경우가 대부분입니다. 하지만 그렇다고 방심할 일은 아니죠. 어른들도 그렇지만 아이들도 사고 직후에는 그 자리를 빨리 벗어나려는 생각과 사고로 인한 흥분 때문에 아픈 부분을 제대로 알아차리지 못하는 경우가 많습니다. 실제로 많은 아이들이 다친 날 진찰을 받고 다음 날에 다른 곳이 아프다며 다시 병원에 오고는 하니까요. 길에 걸어가다가 차에 치인 경우 아이들이 가장 크게 다친다는 것은 앞에서 이야기했죠? 반드시 병원에서 꼼꼼히 진찰을 받아보아야 합니다. 또 아이들이 제 나이에 맞는 카시트나 안전벨트를 사용하지 않은 상태에서 사고가 난 경우에도 병원을 방문해야 합니다.

특히 차에서 어른 품에 안겨 있다가 사고가 났을 때는 어른이 별로 다치지 않았더라도 아이는 어딘가에 부딪히거나 어른의 몸에 깔리는 일이 생길 수 있기 때문에 주의 깊게 살펴보는 것이 필요합니다.

응급실에서는 어떻게 해야 할까요?

일단 응급실로 가기로 결정했다면 두 가지 방법이 있습니다. 자가용이나 택시를 이용해서 가거나 119의 도움을 받는 것이죠. 아이가 다치고 아픈 상황이 되면 부모도 많이 당황합니다. 때로는 보호자가 아이보다 더 당황하고 정신이 없어 보이는 경우도 있습니다. 아픈 아이를 태우고 운전을 하기 어려운 상황이라면 119 구급대의 힘을 빌리는 것도 현명한 판단입니다. 때로는 119를 부르면 비용이 많이 드는 것이 아닌지 걱정하시는 분도 있는데, 119는 세금으로 운영하기 때문에 돈을 내지는 않습니다. 간혹 남용하는 분들이 있어서 문제가 되지만, 아이가 아파 119를 부르는 것을 주저하실 필요는 전혀 없습니다.

119에 신고를 했다면, 구급대원들의 지시에 침착하게 따라주세요. 보통 환자의 상태와 현재 위치를 물어볼 것입니다. 이때 당황해서 이런저런 이야기를 정신없이 늘어놓기 쉬운데 그러다 보면 정작 중요한 이야기를 잘 하지 못하게 됩니다. 일단 전화 연결이 되었다면 잠시 호흡을 가다듬고 구급대원이 물어보는 것 위주로 천천히 답을 하면 됩니다. 그리고 119에 전화를 한 후에는 가급적 다른 곳에 전화하지 말고 기다려주세요. 현장으로 출동하는 대원들이 신고한 전화로 연락을 다시 하는데 이때 신고자가 통화 중이면 위치를 찾는 데 애를 먹을 수도 있습니다.

구급차를 타고 응급실에 가는 동안, 그리고 응급실에서도 최대한 차분하고 안정적인 모습을 보여야 합니다. 아이가 다치고 아플 때 부모가 얼마나 당황스럽고 무서운지 저도 잘 압니다. 의사인 저도 제 아이가 아프면 겁이 나니까요. 하지만 아픈 아이가 낯선 공간에서 믿을 사람은 함께 온 보호자밖에 없습니다. 크게 심호흡을 하고 아이에게 침착한 모습을 보이도록 노력하세요.

119 대원들은 신고한 곳 근처 의료 기관 중 가장 가깝고 적절한 곳으로 환자를 이송합니다. 혹시 평소에 가본 근처 병원이 있다면, 그곳으로 데려다 달라고 말씀하셔도 괜찮습니다. 하지만 간혹 꽤 먼 거리에 있는 큰 병원으로 데려다 달라고 해서 구급대원들이 난감해지기도 합니다. 가능하면 환자나 보호자 의견대로 도와드리려고 합니다만, 구급대원들이 먼 곳으로 움직이면 그 지역에서 발생하는 다른 환자들을 빠르게 도울 수 없게 됩니다. 그러니 가급적 구급대원의 의견을 최대한 받아들여 주세요.

응급실에 도착하면 아이 이름으로 접수를 하게 됩니다. 이후 의사 혹은 간호사들이 '환자 분류'라는 과정을 진행합니다. 아이의 증상과 생체활력 징후에 따라 얼마나 급히 봐야 하는 환자인지를 결정하는 과정입니다. 이다음에 침대나 대기 구역을 배정받고 의사의 초진(첫 진찰)을 기다리게 되지요. 혈액 검사나 수액, 주사 등이 필요하면 침대로 안내해 드릴 것이고, 간단한 외상이라면 잠시 대기 구역에서 기다려달라고 할 것입니다. 응급실이 붐비지만 않는다면 이런 과정을 거쳐 의사의 진찰과 처방을 받는 과정이 부드럽게 진행되지만, 급한 환자가 많다면 지루한 기다림이 시작됩니다. 사실, 응급실에서 의사와 간호사 들이 달라붙어 누군가를 매우 적극적으로 치료하고 있다면 그건 그렇게 부러워할 일이 아닙니다. 그만큼 그 환자의 상태가 급하고 심각하다는 말이니까요. 하지만 내 아이가 그렇게 위급하지 않다는 것과는 별개로 어서 좀 봐줬으면 하는 마음은 누구나 같을 겁니다.

응급실에서 기다리는 동안에는 가능하면 뭘 먹이거나 마시게 하지 마세요. 검사나 처치가 필요한 상황인데 금식이 유지되지 않아서 늦어지는 경우가 간혹 있습니다. 그리고 아이의 상태가 변하거나 다른 증상이 생겼을 때에는 대기 중이더라도 의료진에게 바로 이야기해주세요.

엑스레이는 찍고 난 직후에 결과를 바로 알 수 있고, 혈액 검사 결과는 2시간 정도면 알 수 있습니다. 컴퓨터 단층 촬영도 결과는 금방 확인할 수 있습니다만, 가끔 영상의학과 의사의 판독이 필요한 경우도 있습니다. 사실 검사 자체보다는 이를 확인하고 설명하는 의사들이 바빠서 늦어지는 경우가 많습니다. 검사 후 결과가 나오는 데까지 시간이 너무 늦어질 때는 담당 간호사에게 진행이 어떻게 되고 있는지 문의를 하시는 것도 한 방법입니다.

응급실에서 진료를 받고 집으로 돌아오기 전, 대부분 의사들은 마지

막으로 환자의 상태를 살피고 검사 결과에 대해 설명하도록 되어 있습니다. 원인이 무엇인지, 다른 질환일 가능성이 없는지 의료진의 의견을 들어두시고, 특히 어떤 증상이 생기면 다시 응급실로 와야 하는지는 꼼꼼하게 챙겨주세요. 응급실은 모든 증상의 원인을 100% 찾아내는 곳이라기보다는, 급한 증상을 처치하고 이후에 검사나 치료를 진행할 시간을 버는 곳에 가깝습니다. 그러니 외래 진료를 다시 받을 필요는 없는지, 어떤 문제가 생길 수 있는지, 그런 경우에는 어떻게 해야 하는지를 의료진에게 들어두세요.

모든 부모는 아이의 구급대원입니다

2장

응급 처치

한창 정신이 없던 일요일 낮, 한 아이와 아빠가 응급실을 찾았습니다. 아빠는 아이를 계속 혼내고 있었고, 아이는 약간 겁을 먹은 표정으로 아빠를 쳐다보고 있더군요. 이야기를 들어보니 아이가 아빠 몰래 사탕을 먹다가 아빠가 뭐 먹냐고 물어보니 급하게 사탕을 삼켰던 모양입니다. 애가 새파랗게 질려서 캑캑거리니 주변 사람들 모두 당황해서 어쩔 줄 모르는데, 곁에 있었던 한 사람이 아이를 등 뒤에서 안고 아이의 배를 강하게 당겼고, 이후 사탕이 튀어나왔다고 합니다. 다른 이상은 크게 없어 보였지만 혹시나 해서 응급실에 데리고 왔다고 하더군요.

다른 날에는 중학교 2학년 남학생이 응급실에 실려 왔습니다. 그 아이는 친구들과 운동장에서 놀다가 갑자기 쓰러졌다고 합니다. 마침 이 학교는 일주일 전에 심폐소생술 수업을 했고, 수업 내용을 기억한 친구들이 그 아이의 가슴을 누르기 시작했습니다. 다른 아이들은 119에 신고를 하고 선생님을 불렀고 학생들과 보건교사의 심폐소생술은 구급대원이 도착할 때까지 이어졌습니다. 병원으로 이송된 아이는 잘 회복해서 3주 뒤 다시 학교로 돌아갈 수 있었습니다.

제가 해피엔딩으로 마무리된 사례를 말씀드렸지만, 안타까운 결말을 보는 경우도 종종 있습니다. 아이에게 젖을 먹이고 재웠는데 숨을 쉬지 않는 경우도 있고, 물놀이장에서 잠시 한눈을 판 사이에 아이가 발을 헛디뎌 물을 먹고 숨을 쉬지 않는 경우도 있습니다. 응급실에서 일을 하다 보니 생과 사가 한순간에 갈리는 광경을 자주 목격하고 그 또한 하늘의 뜻이려니 생각해보기도 하지만 때로는 '그때 이랬더라면' 하는 안타까움이 들 때가 있습니다.

응급 처치가 우리 아이의 미래를 결정하기도 합니다

아이들을 키우다 보면 사고는 일어나기 마련입니다. 그런 경우 어서 병원에 가서 도움을 받는 것이 가장 좋은 선택이지요. 하지만 (상상도 하기 싫습니다만) 아이를 병원으로 데리고 갈 시간조차 없는 경우가 생길 수도 있습니다. 아이 목에 뭔가 걸려서 숨을 쉴 수가 없는 경우, 아이가 젖을 먹고 토하면서 제대로 숨을 쉬지 못하는 경우를 눈앞에서 본다면, 우리는 무얼 해야 할까요?

심장이 멎으면 약 5분 후부터 뇌는 되돌릴 수 없는 손상을 입기 시작합니다. 그런데 119 구급대원들이 신고를 받고 도착하려면 아무리 빨라도 5분은 더 걸릴 수밖에 없지요. 결국 구급대원이 도착하는 동안 그 곁에서 우리가 어떤 일을 하는가에 따라 우리 가족이 얼마나 회복하는지가 달려 있다고 해도 과언이 아닙니다.

제가 부모님들께 이런 말씀을 드리면, 아이가 위험한 상황에서 겁이 나고 당황해서 본인은 응급 처치를 못할 것 같다는 이야기를 많이 하십니다. 맞습니다. 하지만 '눈에 넣어도 아프지 않은 내 새끼' '내 목숨보다도 소중한 내 아이'를 살리기 위해서는 배우고 움직이셔야 합니다.

우리나라에서는 연간 3만 건의 심정지가 발생하고 그중 65% 가량이 집에서 발생합니다. 심폐소생술을 배우는 것은 내 아이와 내 가족을 위한 소중하고 중요한 일입니다.

지난 10여 년간 우리나라의 심폐소생술 교육에도 많은 발전이 있었습니다. 덕분에 2006년도에 4.4%였던 심정지 환자의 생존율이 8.7%까지 올라왔지요. 특히 2006년에는 1.9%에 불과하던 일반인 심폐소생술 시행률도 2017년에는 21%까지 상승했습니다. 하지만 일본과 미국

119!

및 유럽 주요 국가들에 비하면 아직 낮은 것은 사실이지요. 누구나 심폐소생술을 할 수 있고, 또 하는 것이 당연한 사회 분위기를 만드는 것이 결코 쉽지는 않습니다.

우선 어린 시절부터 체계적이고 실용적인 응급 처치 교육을 받을 수 있어야 하고, 또 정기적으로 반복해서 연습할 수 있어야 합니다. 독일은 중학교 1학년부터 매년 2시간씩 심폐소생술 교육을 받고 운전면허를 취득하기 위해서도 이 교육을 받아야 합니다. 노르웨이는 1961년부터 중학교 교과과정의 필수 항목으로 심폐소생술을 도입했고, 스웨덴은 1983년부터 심폐소생술 훈련 등록제를 통해 매년 인구의 1%에 해당하는 비이수자에게 교육을 제공하고 있습니다. 그 결과 스웨덴의 일반인 심폐소생술 시행률은 55%에 육박하고 있지요.

우리나라도 2014년부터 초등학교 5학년~고등학교 1학년 학생들과 선생님들이 심폐소생술 교육을 의무적으로 받도록 하고 있습니다. 그 덕분에 학교에서 쓰러진 친구를 구하는 뉴스도 심심찮게 만날 수 있게 되었습니다. 하지만 부족한 교육 인력과 장비 때문에 교육의 효과가 떨어진다는 지적도 적지 않지요.

아이들이 받은 교육이 가정과 사회에서 빛을 발하기 위해서는 어른들도 함께 참여할 필요가 있습니다. 부모가 되기 위해 준비할 때부터 응급 처치 교육을 받아야 하고, 아이가 커가면서는 함께 배우고 연습해야 합니다. 실제로 현장에서 쓸 수 있는 응급 처치 교육을 위해서는 이론과 실습이 잘 조화된 과정이 필요합니다. 그리고 한 번 교육을 받은 후 적어도 2년에 한 번 정도는 재교육을 받아 기술과 지식을 유지해야 하지요.

사실 관심을 가지고 찾아보면 꽤 많은 기관에서 이런 교육 과정을 진행하고 있습니다. 대표적으로 대한심폐소생협회는 꾸준하게 심폐소생술에 대한 연구와 교육을 해온 단체 중 하나입니다. 홈페이지(www.kacpr.org)를 방문하면 의료인과 일반인을 대상으로 한 다양한 심폐소생술 교육 과정에 참여하실 수 있습니다. 대한적십자사(www.redcross.or.kr)에서도 심폐소생술과 응급 처치를 위한 교육 과정을 상시 개설하고 있습니다.

이번 기회에 우리 집 근처에서 응급 처치를 배울 수 있는 곳이 어디인지 한번 알아보시죠. 그리고 아이가 어느 정도 자랐다면 함께 교육을 받아보는 것은 어떨까요? 누가 아나요? 내 아이가 우리를 살리는 '우리 집 구급대원'이 될지?

이것만은 배워 둡시다: 심폐소생술

'소생술'이라는 이름이 붙어서 그런지 심폐소생술이 무언가 대단히 어려운 기술이고 특별한 사람만 할 수 있는 것이라고 생각하기 쉽습니다. 하지만 사실 원리는 간단합니다. 심장이 안 뛰니 밖에서 눌러서 다시 뛰게 하는 것이고, 호흡을 못 하니 숨을 불어넣어 다시 숨을 쉬게 해 주는 것뿐입니다. 하지만 다른 사람이 눌러서 짜주는 심장이 원래만큼 일을 하지는 못하겠지요. 심폐소생술을 하는 동안에는 정상의 20% 정도의 피가 심장에서 나오고 이는 뇌로 가는 산소량을 간신히 유지하는 정도에 불과합니다. 즉, 심폐소생술은 심정지의 원인을 찾고 제대로 치료를 받을 때까지 뇌와 심장으로 가는 혈액과 산소의 양을 최소한으로 유지시키는 응급 처치라고 봐야 합니다.

1. 심정지 확인 후 주변에 119 신고를 요청합니다.

아이가 움직임이 없고 쓰러져 있다면 일단 어깨를 가볍게 흔들며 반응을 보이는지 확인해야 합니다. 아이가 1세 미만인 경우에는 발바닥을 때려 반응을 확인합니다. 반응이 없으면 주변 사람에게 119에 신고해줄 것을 부탁하고 자동심장충격기를 가져와 줄 것을 요청합니다. 이때 "거기 노란 티셔츠 입은 분 119에 신고 좀 해주세요."라고 콕 집어서 이야기하는 것이 좋습니다. 만약 도움을 요청할 사람이 없을 경우 2분간 심폐소생술을 먼저 하고 119에 직접 연락합니다. 소아의 경우 질식에 의한 심정지가 많으므로 일단 심폐소생술을 먼저 한다는 걸 꼭 기억하세요. 119 연락 이후에는 스피커폰 모드로 변경하여 응급 처치를 하면서 119 대원의 지시에 따릅니다.

2. 가슴 압박을 30회 실시합니다.

압박할 위치는 양쪽 젖꼭지 부위를 잇는 선의 정중앙의 바로 아래 부분입니다. 환자가 체격이 작은 아이라면 한 손으로, 체격이 큰 아이나 어른이라면 두 손으로 깍지를 끼고 손바닥의 아래 두툼한 부위를 환자의 가슴뼈 부위에 접촉시킵니다. 소생술을 하는 사람은 팔꿈치를 완전히 편 상태에서 환자의 가슴에 수직으로 체중을 온전히 실어 누르도록 합니다. 1분에 100~120회의 속도와 4~5cm 이상의 깊이로 강하고 빠르게 30회 눌러줍니다.

물론 정말 급한 상황에서는 이런 숫자들이나 원칙이 생각나지 않습니다. 그럴 경우 119 대원과 통화하면서 지시에 따라 큰 소리로 수를 세면서 가슴을 힘차게 눌러주세요.

3. 영아의 가슴 압박

1세 미만의 아이들은 몸이 작기 때문에 양손이 아니라 손가락을 이용해 가슴 압박을 합니다. 압박할 위치는 양쪽 젖꼭지 부위를 잇는 선 정중앙의 바로 아래 부분이며 검지와 중지 또는 중지와 약지 손가락을 모은 후 첫 마디 부위를 환자의 가슴뼈 부위에 접촉시킵니다. 시술자의 손가락은 본인의 양어깨를 잇는 선과 수직이 되게 위치하고 1분당 100~120회 이상의 속도와 4cm 정도의 깊이로 강하고 빠르게 30회 눌러줍니다.

4. 인공호흡을 2회 실시합니다.

호흡이 없으면 환아의 머리를 뒤로 젖혀서 기도를 확보한 다음 환아의 코를 잡고 입에 숨을 1초 정도 불어넣어 가슴이 올라오는 정도를 봅니다. 2회 연속 실시합니다. 영아(1세 미만)의 경우에는 시행자의 입으로 환아의 입과 코를 동시에 덮어 막고 숨을 불어넣습니다.

5. 가슴 압박과 인공호흡을 반복합니다.

앞에서 설명한 대로 30회의 가슴 압박과 2회의 인공호흡을 119 구급대원이 도착할 때까지 반복하여 시행합니다.

심폐소생술에서 가장 중요한 것은 가슴 압박을 중단하지 않고 힘차게 지속하는 것입니다. 이런저런 이유로 단 10초만 가슴 압박을 멈춰도 심폐소생술의 효과는 급격히 떨어집니다. 환자가 의식을 되찾고 움직이거나 구급대원이 올 때까지는 가슴 압박과 인공호흡을 계속 해주세요. 만약 인공호흡에 자신이 없다면 가슴 압박만 지속하는 것도 환자에게 큰 도움이 됩니다. 단, 물에 빠진 환자는 호흡을 할 수 없어 심장이 멎은 경우가 대부분이므로 인공호흡을 꼭 같이 해야 합니다.

가슴 압박은 분당 100~120회의 속도로 성인의 경우 5cm, 소아의 경우 4cm 정도의 깊이로 하라고 말씀드렸지만, 사실 위급한 상황에서 내가 어떤 속도, 어떤 깊이로 하고 있는지 알기는 어렵습니다. 심폐소생술을 하는 사람들은 대부분 평소보다 흥분된 상태입니다. 그래서 실제 심폐소생술의 속도는 분당 120회보다 빠른 경우가 대부분이지요. 그러다 보니 쉽게 지쳐서 충분한 깊이로 누르지 못하는 경우가 많습니다. 도와줄 사람이 있는 경우 2분마다 교대하라고 권하지만, 사실 가슴 압박이 너무 힘들다 보니 1분만 지나도 이미 지쳐서 충분한 깊이를 누르지 못하는 경우가 많습니다. 그렇기 때문에 너무 빠르지 않은 속도로 충분한 깊이로 가슴 압박을 하는 것이 심폐소생술의 가장 중요한 부분입니다.

효과적인 심폐소생술을 위해서는 가슴 압박의 깊이는 생각하지 말고 충분히 체중을 실어서 눌러주세요. 내가 누르는 깊이를 알 수 없다면 누를 수 있는 최대한 눌러주세요. 단, 누르는 한 번 한 번 또박또박 개수를 세면서 압박을 해주세요. 정확하게 숫자를 세다 보면 가슴 압박이 필요 이상으로 빨라지는 것을 막을 수 있습니다.

'중단 없는, 강하고 빠른 가슴 압박'은 심폐소생술의 핵심입니다. 저도 가끔 소생술을 하다 보면, 심장 박동이 돌아오지 않았을까 궁금한 경우가 있긴 합니다. 하지만 여러분은 그러시면 안 됩니다. 환자가 움직이고 숨을 쉬거나 교대해줄 구급대원이 도착할 때까지 쉬지 않고 지속해주세요!

이것만은 배워 둡시다: 자동심장충격기 사용법

자동심장충격기(AED)는 가슴 압박과 인공호흡을 시행하면서 함께 사용해야 하는 중요한 장비입니다. 아마 지하철, 관공서, 도서관이나 대단지 아파트 같은 공공장소에서 많이들 보셨을 겁니다. 우리나라는 2008년부터 공공기관, 철도, 항만과 다중 이용시설에 이를 의무적으로 설치하도록 하였고 2012년부터는 500세대 이상의 아파트에도 구비하도록 하였습니다. 2018년 기준 전국에 약 1만 4600여 대의 자동심장충격기가 보급되어 있습니다.

심장이 멎을 때는 정상적인 박동을 보이다가 급작스레 바로 멎는 것이 아니라 흔히 심장 발작이라 부르는 '심실 세동'이라는 치명적인 부정맥을 보이는 경우가 많습니다. 이런 심장 발작이 일어났을 때에는 다른 어떤 것보다 전기충격이 가장 효과적인 치료 방법이지요. 심장 발작 시 전기 충격을 가하면 고압 직류 전기가 심장에 흘러 비정상적인 전기 활동을 순간적으로 억제합니다. 이때 심장의 근육세포들은 잠시 마비 상태에 빠지고 이후 정상적인 전기 활동이 가장 먼저 깨어나면서 심장 박동이 정상적으로 회복되지요. 의학드라마 응급실 장면에서 많이 보셨지요? 이런 전기 충격기를 일반인들도 사용할 수 있도록 만든 것이 자동심장충격기입니다. 예전에는 '자동심장제세동기'라고 불렀는데, 좀 더 이해하기 쉽도록 요즘은 자동심장충격기라고 부르고 있습니다.

자동심장충격기의 작동은 그다지 어렵지 않습니다. 정말 어렵지 않습니다.

1. 자동심장충격기의 전원을 켭니다.

기계를 심폐소생술에 방해되지 않는 위치에 놓은 다음 전원을 켭니다. 전원을 켠 이후 과정은 자동심장충격기의 음성 지시를 차분히 따라서 진행하면 됩니다. 물론 가끔은 당황해서 그 음성조차 잘 듣지 못하기도 합니다. 그러니 잘 들리지 않는다고 당황하지 마시고 아래의 내용을 기억하셨다가 차례대로 하시면 됩니다. 해야 할 일을 기계가 반복해서 알려주니 너무 걱정마세요.

2. 패드를 두 군데에 부착합니다.

심장충격기 포켓에 있는 패드를 꺼내 그림의 설명에 따라 정확하게 부착합니다. 보통 패드 한 장은 오른쪽 가슴 위쪽에 다른 한 장은 왼쪽 젖꼭지 옆 겨드랑이 붙입니다. 잘 모를 경우 패드에 그려진 그림을 참

고해서 침착하게 진행하면 됩니다. 패드가 본체와 분리되어 있다면 연결합니다. 단, 패드를 붙이는 과정에서 가슴 압박을 방해해서는 안 되며 가슴 압박을 하고 있는 사람은 심장충격기를 부착하는 과정과는 별도로 30번의 가슴 압박과 2번의 인공호흡을 계속 반복해야 합니다.

3. 전기 충격 버튼을 누른 후, 다시 심폐소생술을 합니다.

환자의 가슴에 패드를 붙이고 본체와 연결했다면, '분석 진행 중'이라는 음성 지시가 나옵니다. 이때는 심폐소생술을 하는 사람도 자동심장충격기를 다루는 사람도 모두 환자에게서 손을 떼야 합니다. 기계가 환자의 심장 상태가 전기 충격이 필요한 상태인지 아닌지 분석할 시간이 필요하기 때문이지요.

만약 전기 충격이 필요 없는 상태라면 "환자의 상태를 확인하고 심폐소생술을 계속 하세요."라는 음성이 들릴 것 입니다. 이때는 지체 없이 가슴 압박과 인공호흡을 반복하면 됩니다.

"전기 충격 버튼을 누르십시오."라는 지시가 들리면, 주변 사람들이 환자에게서 떨어지도록 "물러나세요!"라고 크게 이야기하고, 환자 몸에 아무도 닿지 않은 것을 확인한 후에 반

짝이는 충격 버튼을 누르세요. 아마 환자의 몸이 잠시 움찔하며 움직일 것입니다.

전기 충격을 주고 난 이후에는 (환자 상태를 살피지 말고) 즉시 30번의 가슴 압박과 2번의 인공호흡을 반복해서 시행합니다. 자동심장충격기는 2분마다 심장의 움직임을 분석합니다. 그때도 위와 같이 음성 지시에 따라 전기 충격을 하면 됩니다.

이것만은 배워 둡시다: 목에 이물질이 걸렸을 때 (하임리히법)

하임리히법은 이물이 기도의 윗부분에 걸렸을 때, 복부를 강하게 압박하여 그 압력으로 이물질이 빠져나오도록 하는 응급 처치입니다. 1974년 이 방법을 고안한 헨리 하임리히라는 의사의 이름을 따서 만들어졌지요. 이 응급 처치 기술을 만든 하임리히 박사는 현역에 있을 때는 이걸 쓸 기회가 없었다가, 96세 때 지인과 식사하던 중 기도가 막힌 요양원 동료를 이 방법으로 살려내서 화제가 되기도 했습니다.

1. 상태를 확인하고 119 신고를 요청합니다.

환자가 숨쉬기 힘들어 하거나 목을 감싸고 괴로움을 호소하며 말을 못하는 경우 기도 폐쇄로 판단하고 주변에 119 신고를 부탁합니다.

2. 뒤에서 안고 복부를 밀어 올립니다.

환자의 뒤에 서서 두 팔로 환자를 감싸 안은 뒤, 주먹을 쥔 손의 엄지손가락 방향을 배 윗부분에 대고 다른 한 손을 위에 올린 후 부위를 두 손으로 위로 쓸어 올리듯 강하게 당겨 올립니다. 이물이 튀어나올 때까지 몇 차례 밀어 올려서 이물을 제거하고 이물이 밖으로 나왔는지 확인합니다. 이물이 나오지 않고 환자가 반응이 없어진 경우에는 심폐소생술을 시작합니다.

성인의 경우, 기침을 할 수 있거나 말을 할 수 있으면 완전히 기도가 막힌 것은 아니기 때문에 하임리히법을 사용하면 안 됩니다. 본인이 기침을 해서 이물을 뱉도록 해야 합니다. 그리고 복부를 압박할 때에는 당기는 맞잡은 손을 명치와 배꼽 중간에 두고 갈비뼈가 눌리지 않도록 하는 것이 보통이지만 심한 비만이거나 임산부일 경우에는 명치에 손을 대고 시행하기도 합니다.

1세 미만의 영아일 경우에는 다른 방법으로 시행합니다.

1. 119에 신고하고 자세를 취합니다.

아이가 무언가를 먹다가 캑캑거리면서 얼굴이 파랗게 질리면 즉시 주변에 119 신고를 부탁합니다. 환자의 얼굴이 아래로, 등이 위로 오도록 환아를 뒤집어 잡습니다. 이때 환아가 떨어지지 않도록 주의해야 합니다.

2. 등을 세게 5회 두드립니다.

영아의 머리를 가슴보다 낮게 하고, 팔을 허벅지에 고정시킨 다음에 손바닥으로 영아의 어깻죽지 사이를 5회 강하게 두드립니다.

3. 가슴 압박을 5회 실시합니다.

이번에는 영아의 등을 받치고, 머리를 가슴보다 낮게 하여, 등이 아래로, 얼굴이 위로 올라오도록 잘 잡습니다. 영아의 유두 사이에 가상 선을 긋고, 검지와 중지를 가슴뼈 위에 올려놓고 강하게 5회 압박합니다.

4. 입 안의 이물질을 제거합니다.

영아의 입 안에 이물질이 있는지 확인해 보고, 잘 보이는 위치에 있다면 제거합니다. 하지만 손이 닿지 않은 경우 오히려 이물을 밀어 넣을 수 있으므로 억지로 손을 넣어 빼내지 않도록 주의합니다.

아이가 의식을 잃고 반응이 없다면, 하임리히법이 아니라 심폐소생술을 시작해야 합니다.

구급상자, '우리 집 구급대원'의 필수 장비

꼭 이물 폐쇄나 심정지와 같은 무시무시한 경우가 아니라도 '우리 집 구급대'의 역할은 매우 중요합니다. 화상이나 열상과 같은 외상도 처음에 어떤 처치를 어떻게 하는가에 따라 예후가 달라지기도 하고, 아이들이 겪는 통증의 크기가 달라지기도 합니다. 각각의 응급 처치법은 앞에서 소개해 드렸으니, 이번에는 각 가정의 구급상자를 한번 점검해보시면 좋겠습니다.

구급상자라고 해서 뭔가 대단하게 생각하실 필요는 없습니다. 큼직한 상자에 붉은 색 십자가가 붙어 있어야 할 것 같지만 사실 대부분의 집에는 (정도의 차이는 있지만) 반창고나 해열제 등을 모아 놓은 서랍이나 바구니가 있기 마련입니다. 거기에 몇 가지 물품만 더 가져다 두면 제법 쓸 만한 구급상자가 됩니다.

• 기본적인 드레싱 물품

깨끗한 거즈: 약국에서 보통 5~10장 단위로 포장한 것을 팔고 있습니다. 외상이 있다면 거즈를 대고 꾹 눌러서 지혈을 하면서 병원으로 오는 것이 기본이죠.

압박붕대: 다양한 사이즈가 있지만 어른 손가락 길이 정도의 너비를 가진 것이 가장 많이 쓰입니다.

습윤 드레싱 용품: 습윤 밴드나 '○○폼'으로 끝나는 이름을 가진 얇은 스펀지 같은 재질의 드레싱 용품을 이야기합니다. 자체 흡수성도 가지고 있고 상처의 습도를 유지하는 데 도움이 됩니다. 짓무른 상처나 긁힌 상처를 처치할 때 도움이 됩니다.

반창고

• 기본적인 도구

가위: 잘 드는 작은 가위, 문구용도 상관없습니다.

핀셋: 아이들 손에 가시나 이물질이 박히는 경우들이 꽤 많습니다. 끝이 꽉 잘 물리는 핀셋이 있다면 큰 도움이 되죠.

체온계

손소독제와 물티슈

TYLENOL
BAND-AID
ALCOHOL
SWAB

• 상비약

아이가 자주 쓰는 해열제나 감기약 등도 같이 보관해주세요. 다만 약병 겉면에 약의 유통 기한과 보관 방법을 같이 적어서 보관해야 합니다. 잘못 보관하거나 오래된 약은 독에 가깝습니다.

구급 용품들을 잘 마련해놓았더라도 어느새 보면 각종 용품들이 뒤죽박죽 섞여 있기 마련입니다. 분명 밴드가 있었던 것 같은데 밴드에 발이 달렸는지 죄다 사라져 있기도 하지요. 그래서 구급상자 또한 정기적으로 관리해주셔야 합니다. 부족한 물품은 보충해주시고, 오래된 것들은 미련 없이 버리세요. 그리고 앞에서도 이야기했듯이, 약품이 들어 있는 구급상자는 아이들의 손이 닿지 않는 높은 곳에 보관해야 합니다.

이 책의 서두에서 제가 "아이가 안전한 세상은 부모로부터 시작합니다."라고 말씀드렸습니다. 그런데 혹시 이 말이 부모들에게 부담을 드리는 것은 아닌지 걱정이 되기도 합니다. 그렇지만 저는 아이들에게 부모는 집에 마련해둔 구급상자 같은 존재라고 생각합니다. 평소에는 있는 줄도 모르고 살지만, 누군가 다쳤을 때는 가장 먼저 찾는 믿음직한 존재 말입니다. 여러 번 말씀드렸지만, 아이의 안전사고를 부모가 100% 막을 수는 없습니다. 아이는 무한한 호기심과 넘쳐나는 에너지를 세상으로 발산하면서 성장해야 하고, 그러다 보면 때로는 불가피하게 일이 벌어지기도 하니까요. 우리의 역할은 집 안의 구급상자를 평소에 잘 정비하는 것처럼, '아이가 안전한 사회'를 만들기 위해 할 수 있는 일을 평소에 조금씩 실천하는 것이라고 생각합니다. 우리들의 그런 마음과 눈길 속에서 아이들이 하루하루 신나게 웃고 뛰어 놀며 자랄 수 있길 진심으로 기원합니다.

응급의학과 의사 아빠의

안전한 육아

초판 1쇄 발행 • 2019년 3월 22일

지은이 • 김현종
펴낸이 • 강일우
책임편집 • 김보은
조판 • 박아경
펴낸곳 • (주)창비
등록 • 1986년 8월 5일 제85호
주소 • 10881 경기도 파주시 회동길 184
전화 • 031-955-3333
팩시밀리 • 영업 031-955-3399 편집 031-955-3400
홈페이지 • www.changbi.com
전자우편 • ya@changbi.com

ISBN 978-89-364-7695-3 13590

* 책값은 뒤표지에 표시되어 있습니다.